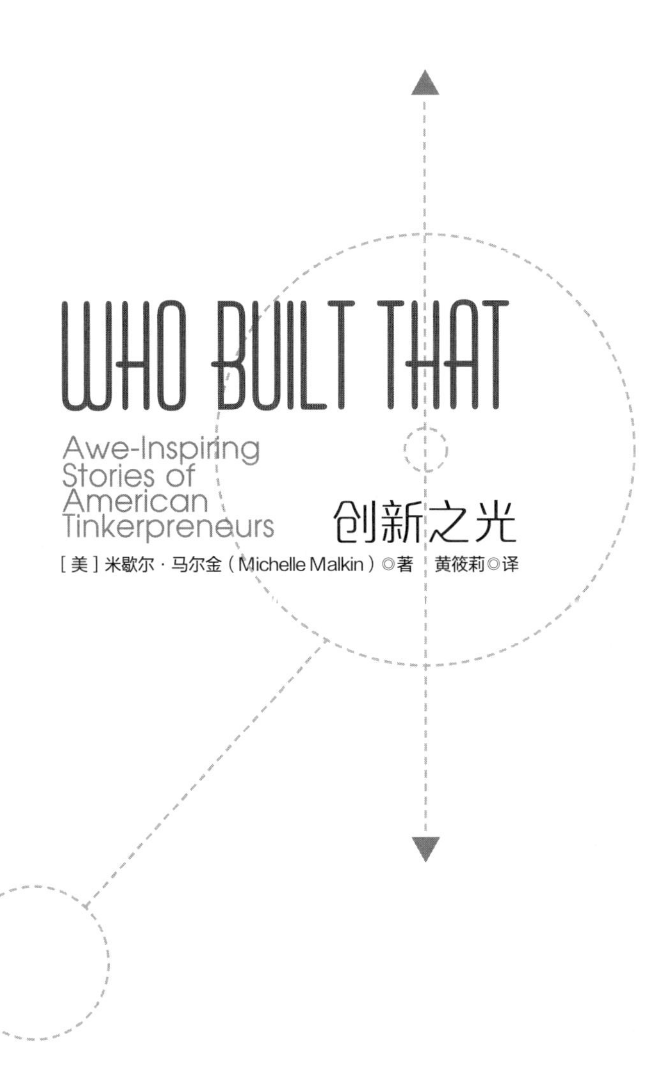

WHO BUILT THAT

Awe-Inspiring Stories of American Tinkerpreneurs

创新之光

[美] 米歇尔·马尔金（Michelle Malkin）◎著　黄筱莉◎译

中信出版集团 · 北京

图书在版编目（CIP）数据

创新之光 /（美）米歇尔 · 马尔金著；黄筱莉译
. -- 北京：中信出版社，2017.4
书名原文：WHO BUILT THAT: Awe-Inspiring
Stories of American Tinkerpreneurs
ISBN 978-7-5086-4929-0

I. ①创… II. ①米… ②黄… III. ①创造发明 – 普
及读物 IV. ①N19-49

中国版本图书馆 CIP 数据核字（2017）第 011313 号

创新之光

著　者：[美] 米歇尔 · 马尔金
译　者：黄筱莉
出版发行：中信出版集团股份有限公司
（北京市朝阳区惠新东街甲 4 号富盛大厦 2 座　邮编　100029）
承 印 者：北京诚信伟业印刷有限公司

开　本：880mm × 1230mm　1/32　印　张：9.75　字　数：169 千字
版　次：2017 年 4 月第 1 版　印　次：2017 年 4 月第 1 次印刷
京权图字：01-2016-3836　广告经营许可证：京朝工商广字第 8087 号
书　号：ISBN 978-7-5086-4929-0
定　价：45.00 元

这些富有创新精神的风险承担者尽一切力量致力于：

“每一天都是美好的一天。”

目录

序言

我给许多人留下这样的印象——一个在电视里总是大骂自由主义者的女人，脾气暴躁，肤色发棕。事实上，现实生活中的我比电视上所展现的那个棕肤色女人的形象有过之而无不及。比如，对我的孩子们而言，我是一个总在向他们咆哮的母亲，唠叨着让他们写作业、穿衣服、吃蔬菜，把活动范围限制在禁酒区域等。

但说真的，我的确也有温柔的一面。

在家，我是一位极客母亲，喜欢看科技频道纪录片《制造原理》和美国广播电视台的《创智赢家》。《大众科学》和《大众机械》则是我的飞行必备读物。我可能是美国最奇葩的妻子：如果我丈夫在圣诞节送我一个四轴飞行器，我会激动得尖叫不已！上高中的时候，我的外号就是“班级小智囊”，其受推崇的程度类似于“吸血鬼女王”之类的称呼。上学时的我留下过两个经典画面：一个是在图书馆学习、一个是在实验室心无旁骛地盯着实验台上的瓶瓶罐罐，这让我的“书呆子气质”增加了好几个数量级。

此外，我还是个异想天开的人。我的很多发明创造貌似都很奇特：

一个改进版的韦伯烤架，结果因为它爆炸而差点儿把我的眉毛给烧了！

用苏打瓶做成的“潜艇”，像一个混凝土块一样沉在浴缸底部。

一堆聚氯乙烯材质制成的可以发射棉花糖的残次品发射器，这些发射器（的枪管）被棉花糖给堵住了。

所有这些发明创造的“黑历史”在日后都变成了家里的调侃内容和笑料，但我还是对这些糗事引以为豪。毕竟，我在失败中取得了很多的进步，这些失败最终都变成了启迪。山重水复疑无路，柳暗花明又一村——看似是死胡同，走到尽头却迎来了转机，路途甚至开始向着光明和成功延伸。我完全赞同美国土木工程师唐·惠特莫尔在1896年写下的话：“那些看似无用的积累——曾经犯过的错误或被埋葬的希望——最终都会成为最宝贵的遗产，推着我们走向成功，至少对我来说，它们给我的启示足够多。”

虽然我连最简单常见的工程和制造业项目都一窍不通，但我仍然相信我有独特的优势，为那些取得成功的美国发明家和企业家写一本书，颂扬他们默默无闻的付出。要讲述那些被埋没的天才和商业大亨的故事，还有谁比我这个崇拜企业家的怪咖来做更合适呢？我对这些发明家和冒险家的尊敬从来都不加掩饰。请叫我业余科技狂人、创新的狂热追随者、美国梦的终身粉丝，我就是这样一个女人。在我所著的所有书中，这一本书带领我踏上了领略美国历史的旅行，这次旅行带给了我最大的欢乐。我会和我的家人分享我在这个过程中的每个研究和发现。我也收藏自19世纪以来美国发明史上的每一个小器件（多亏了格伦贝克的启发），作为记者和作家，在过去的20年里，我碰到了很多非常有魅力、非常聪明的人，我有幸和他们一一交流。

当我第一次萌生写作本书的念头时，我必须承认，我仍然还处于观看有线电视的愤怒女郎模式。2010年，美国副总统乔·拜登吹嘘道："不管是21世纪、20世纪，还是19世纪，每一个伟大的设想都需要政府的远见和鼓励。"是的，他说的真的是"每一个"。

在过去的25年里，美国的风险投资和美国的发明是密不可分的。在《发明的财富》一书里，商业专家保罗·冈帕斯和乔希·勒纳指出："到2000年年底，依靠风险投资上市的公司在美国已经占了上市公司总数的20%，而在上市公司8.25万亿美元的总市场价值中，风投公司的市场价值是2.7万亿美元，占总价值的32%。"

风投公司是全美最有创新性的核心组织：生化科技，计算机服务，工业服务和半导体行业。事实上，正是美国饱受非议的风险投资家"创造了一个全新的行业，为那些羽翼未丰的公司保驾护航，并使之成为其行业中的主导力量"。旧金山的风险企业家汤姆·珀金斯给一家小型生化公司投了10万美元，这才有了后来的基因技术公司——生化行业巨头，资产数百亿，生产了很多很有价值、很成功，并且挽救了很多生命的药物，包括赫赛汀（治疗乳腺癌）、利妥昔单抗（治疗非霍奇金淋巴瘤和类风湿性关节炎）和阿瓦斯丁（用于若干种癌症的治疗）。麻省理工学院在他的简介中指出，在头30年里，凯鹏华盈投资公司共投资475次，总收入900亿美元，并创造了275 000个工作岗位，它总共资助了167家后来上市的公司，包括亚马逊、美国在线、基因技术公司、谷歌和网景。

2014年1月，汤姆·珀金斯给《华尔街日报》写了一封充满激情的信，谴责"针对美国顶端百分之一的人的激进的斗争"，他把这次斗争比喻成"德国的法西斯纳粹"，而那些百分之一的人就相当于是犹太人。他呼吁"左"翼分子停止将"富人"妖魔化，而且还谴责占领华尔街运动"日益高涨的仇恨之潮"。珀金斯和企业家不是朋友，也不是有特权的精英。他从惠普公司的底层开始干起，在公司旁边建立了自己独立的激光公司，然后他又和企业家伙伴尤金·克莱纳一起建立了美国最古老、最重要的风投公司——凯鹏华盈投资公司。白手起家，珀金斯一心一意扑在自己投资组合内的科技公司上。他甚至和这些公司一起参与电话销售的工作。他全身心投入这份业务内的业务。

珀金斯为自己、为合作伙伴，也为他的客户赚取了巨大的财富——同时，也对世界有益。但是因为他勇于把现代激进分子沸腾的憎恨比喻成水晶之夜或德国纳粹，这位有远见的投资者被自由派记者和评论家谴责为“疯子”“富有的傻子”。在他创办的风投公司里，他以前懦弱的同事们抛弃了他。珀金斯为自己的“水晶之夜”比喻道歉，但是他很勇敢地拒绝屈服，绝不收回为那“有创意的1%的人”辩护的话。

面对公众的强烈反应，珀金斯重复了他信中的主题：“在任何时候，当大多数人开始妖魔化少数人的时候，不管针对什么，那都是错的，也是危险的。这样做不会有任何好处。”

他也谴责那些哀叹“收入不公平”的人，包括他曾经的“朋友”阿尔·戈尔、杰里·布朗和昔日的美国总统奥巴马：“那1%的人没有造成不平等。他们是创造工作岗位的人……我认为这么多年以来，凯鹏华盈投资公司就创造了将近100万个工作岗位，我们仍然在这样做。”然后，这位风险投资家斥责了那些仇富的人，用最有效、最直击人心的话表达了他的观点：“富人因为富有，因为做富人应该做的事，就遭到谴责，这是很荒谬的，他们只是通过为别人创造机会而变得更加富有而已。”

只有那99%的人真正懂得，他们享受的那些伟大的进步和机会都是这个国家那1%的制造者和创造者的功劳，对于这1%的人的妖魔化才会停止。而这1%的人的故事需要及早、经常地讲给人们听。大多数迎合大众兴趣的书都是有关美国发明和发明家的，但是很少强调美国那些独特的因素，而正是这些独特的因素才孕育了这个国家的科技进步，使企业家精神得到体现。其中最主要的因素包括利润动机、知识产权、个人承担风险、风险投资、我们独特的专利制度和对美国例外论的坚定信念。

本书旨在和那些仇富者抗争，给予人们启示和灵感，这本书是为我的孩子们写的，也是为你的孩子们写的。他们使自己富有、让别人致富，同时也让这个世界变得更加安全、明亮、舒服和幸福。我个人总是对那些我们习以为常的平凡事物很痴迷，所以我才挑选了这些平凡但成就了我们现代生活的事物——卫生纸、瓶盖、玻璃瓶、一次性剃须刀、根汁汽水、钢缆、交流电动机、空调和耐用手电筒。

在本书中，我把那些英雄都称为“创新工匠”。这些怀才不遇的发明家和创造者发明了很多我们日常生活中用得到的东西，成功地把自己的想法商业化，创造了产品、企业、工作和直至今日数不清的机会，改变了整个世界。他们吸引了这个国家的第一批风险投资家——寻求利益的私人投资家，而不是政府资助者——来帮助他们成功。他们申请专利，获得专利收入，挣很多钱，让自己家乡的人的生活变得美好，同时也让自己的生活更美好。这些企业家坚持不懈地投身于设计和产品的改进工作中，他们都是白手起家，且大多数都是自学成才。

本书中的明星有一些共同的特质：

1. 早年就展现了机械方面的才能

2. 对于实事求是这一点很顽固，致力于制造和销售有用的东西

3. 很愿意尽可能地拓宽创造的轨道，以完成工作

4. 不懈的工作热情，并不断自我完善

5. 对知识产权、公平竞争和法治有着持久深刻的尊重

6. 面对失败和逆境，有坚强的信念和毅力

7. 崇敬美国作为自由和机会的灯塔的特殊作用

随着研究和采访的深入，我领悟到美国创新者的又一精髓：品格至关重要。正直应放在首位。我分享的这些故事的主人公都曾和我有过交集，他们是我这辈子遇到过的最诚实、忠诚、谦逊的人。你将会读到83岁的镁光手电筒的创始人兼首席执行官托尼·美格力克的故事。他与我坦诚相待，并带我参观他的工厂。我们每到一处，有着不同背景的工人都上前来拥抱他。你还会读到乔治·威斯汀豪斯、尼古拉·特斯拉、爱德华·利比以及迈克尔·欧文斯、威利斯·开利、欧文·莱尔为彼此以及他们各自的公司做出无畏牺牲的故事。你将会了解到斯科特兄弟和罗布林家族之间的紧密联系。

在本书中，这些创业先驱将他们的成功归功于上帝的眷顾、家人和事业伙伴的支持，以及美国宽松的制度环境。诚然，他

们的成功得益于这些外力的帮助。这些成功的创新者值得我们致以最崇高的赞颂。他们思想独特，用自己的努力带来了说不尽的附加效益。不得不说，他们比我们中的任何人都要更加聪明，工作起来也更卖力。

这些发生在我选择记录的男性或女性身上的故事，有着惊人的相似之处，这也许是我最值得书写的发现。这些你将要读到的典型的美国故事，为18世纪的哲学家、政治经济学家亚当·斯密提出的著名的自由市场理论注入了新的活力，增添了新的色彩。

> 每一个个体都在不断地寻求最有利的工作机会以获取自己可以控制的资金。那确实是他凭借个人的优势得到的，而不是这个社会的，在那个人看来就是如此……事实上，通常来说，他既无意促进公众利益的增加，也不知道他发挥了多大的促进作用……他只想增加自己的收入，在这种情况下，和其他情况一样，他就像是被一只看不见的手牵引着，促成了一个他本无意达成的结果。虽然是无意的，但是对这个社会来说总是无害的。追求自己的利益时，他也推动了社会的发展，比他有意去推动时更有效。（强调）

无意这么做，但殖民地的造纸商的确为斯科特兄弟的卫生纸和纸巾等产品铺平了道路。在20世纪早期的致命流感盛行期间，他们的产品为公共卫生贡献良多，而且至今他们的产品还在继续为我们提供舒适和便利。

发明大王乔治·威斯汀豪斯和尼古拉·特斯拉一起“利用”起尼亚加拉大瀑布，为整个世界“充电”，也在不知不觉中影响了空调的先驱威利斯·开利。

开利和他的商业伙伴欧文·莱尔的技术催生了电影业、商场、摩天大楼，推动了美国南部、西南部和西部的发展。开利和莱尔也推动了纺织厂、印刷机、救治生命的药品的进步，给金·吉列一次性剃须刀的制造工艺提供了灵感。

吉列的导师是瓶盖创新者威廉·佩因特，他创造的小巧的带软木内衬的金属瓶盖引领饮料、加工食品和药品走向安全且便宜的包装时代。

佩因特的突破，是在与玻璃瓶行业努力自主创新的两位领袖爱德华·利比和迈克尔·欧文斯的合作中取得的。这两位领袖进行合作，同时也在灯泡和煤油灯的生产、瓶子制造、药品包装的标准化、平板玻璃和汽车玻璃的大规模制造，以及玻璃纤维的发明等方面取得了重大突破。

钢缆工程师约翰·罗布林和他的家人建造了布鲁克林大桥，率先开创了钢缆悬索桥的工业时代，并将这种钢缆应用于电报、电话、电缆车、飞机、电力工业领域、矿山和石油钻探电线。

这些联系都是自发形成的，没有自上而下的规定，也不是因为政府政策。没有联邦创新部门来成就这些企业家，也不是“十点白宫行动进展计划”主张这些所谓的“利润收割机”进行无缝协同。这就是我们习以为常的奇迹：在美国自由市场中，创新的同心圆是无限的。这个奇迹每天几百万次地自我重复于富有创新精神的商业伙伴们之间，以及商业大亨和他们的顾客、消费者之间。他们的自发交流和交易合作创造了这个奇迹。我会告诉你，这一小部分企业家是怎样改善我们生活中的方方面面，掀起一场场革命的——从浴室到厨房，再到办公室，从食品和饮料，到我们服用的药品和延长我们生命的医疗设备。

等你们读了这些令人敬畏、鼓舞人心的美国创新者的故事之后，亲爱的读者，我知道你肯定会赞同下面这句话：

是他们给予了我们，而不是反过来。

WHO BUILT THAT

Awe-Inspiring Stories
of American Tinkerpreneurs

第一部分

随处可见的创新之光

我们对我们的企业既有信心，也富有激情。我们有共同的目标，并且忠于彼此。

——爱德华·T·墨菲，开利公司

第 1 章

镁光手电筒设计者托尼·美格力克：永不放弃

托尼

美国梦的引路人

这位 83 岁高龄的首席执行官依旧神采奕奕、精神焕发，他的名字用草书绣在一件些许发皱的长袖白衣上。在灰色的制服下面，他淡蓝色的格子衬衫敞着领口，袖子随意地被挽起，松松垮垮的裤子看起来有点儿旧但还算得体，脚上是一双美国制造的新百伦牌亮白色运动鞋。他需要一双舒服的鞋子，因为他每天都要工作 12 个小时，在 45 万平方英尺[①]的厂区来回跑好多次，每周 6 天，他都是在日出之前开工，在 800 多名员工都下班之后才停下脚步。

托尼看起来像是阿尔伯特·爱因斯坦和马克·吐温的结合体，但他的发型看起来还不错。一头整洁的银色鬈发、蓬松的鬓角以及修剪得恰到好处的胡子，正好映衬着他那橄榄色的皮肤。他热情而礼节合宜，娇而不横，缜而不繁。他卓越的发明创新堪称经济价值的代名词。正如他蜚声国际的产品一样，托尼自己也是一个凭借其认真、坚韧、执着、英气、可爱而闪闪发光的人。

镁光公司总部位于加利福尼亚州安大略市，在一间落地窗环绕的大会议室里，我和他面对面地坐着，我对这位发明了革命性的镁光手电筒，并且将一个小车库发展成 10 亿美元的生意的老人产生了深深的敬畏，但是我觉得很自在。在我们交谈的

① 1 平方英尺≈0.09 平方千米。——编者注

过程中，当我们谈到他的家庭时，我忍不住落泪。“米歇尔，我欠了我母亲太多。”托尼哽咽着对我说。他递给我一本有关家族的书，它讲述的是尤尔灿和美格力克家族在兹拉林岛生活的故事，将我们一下子带回到了“大萧条”时期，这段童年经历点燃了他对生命、自由以及美国梦的持久的激情。

兹拉林岛上的战争、饥饿和贫困

“Zlato”在克罗地亚语中的意思是金子。兹拉林这座阳光普照的金黄色小岛，位于亚德里亚海湾的赛比拟克群岛中，在克罗地亚的达尔马提亚海岸往南 1 英里①的地方。这个 3 平方英里②的小岛上没有汽车，以此保证这片栖息地的安宁，这里有充满异国风情的红珊瑚、美丽的沙滩、浓密的松树以及茂盛的橄榄树林。尽管资源如此丰富，这个地中海小岛上的 300 名居民的生活却艰难贫困。那些祖先来自 13 世纪克罗地亚大陆的大家族，凌晨 2 点就要起床，和他们的驴一起跋涉几英里，穿越崎岖的山路才能到达他们的耕地。许多岛民拥有自己的葡萄园，但在 2 世纪初，一种名为霜霉菌的致命性植物传染病菌毁了整个红酒庄园。

---

① 1 英里≈ 1.61 千米。——编者注

② 1 平方英里≈ 2.59 平方千米。——编者注

兹拉林岛上的男子世代都以打渔和划船为生，通常在12岁的幼小年纪就要离开他们的独立石屋。妻子则在后方守候，收割庄稼，并且做一些手工活儿来养活他们的孩子。孩子们也会帮着母亲磨玉米粉，收集无花果、扁豆和野生的浆果。几个家庭可能会共用一个水壶，将它吊在天花板的横梁上煮白菜。水壶从午后一直煮水到深夜，以满足每个家庭的需求。为了消磨排队等待的时间，亲友们围在火炉边分享心爱的兹拉林岛的歌曲、诗歌以及一些关于海洋生物和妖怪在山丘上游逛并且会抓走孩子的传说。

女人和孩子在石屋的墙上贴满了他们的男性亲属在世界各地的船只上的照片。男人为了挣钱养家都从事船员、采石工、石油工人、煤矿工人等苦工。许多人不是沉入海底溺水而亡，就是在遥远的他国港口沦为罪犯或不幸感染疾病。

托米切克·美格力克是托尼的母亲，她来自兹拉林岛上一个名为波卢卡的小村庄。那里有原始的石油层、洞穴以及可以被当作黏土肥皂而出售的白垩和白云石的砂质混合物。波卢卡的居民以务农和捕鱼为生。尤尔灿在兹拉林岛上早期的房子是一个用干燥的石块堆砌的单间小屋，用石板加固。在最拥挤的农舍中，有的家庭成员不得不睡在地窖的草垫上，与红酒木桶和橄榄油木桶挤在一起。托米切克的祖父和曾祖父年轻时都离家做过海员，她的祖父后来在纽约市的一个餐馆找到了工作。托米切克的许多亲人都在“二战”中参与了反法西斯运动。

耶尔科是托尼的父亲，生活在小岛最东边的鲁扎，这个地方在 15 世纪的时候很有名。耶尔科有两个兄弟，伊夫和约索。他们的父亲安特，从小腿脚不便，是村里的“大喇叭”。安特会宣读教堂新闻，或者叫卖从克罗地亚带回的舶来品（盆子、汤碗、篮子以及捕鱼器），有时候也包括从意大利的普利亚、阿布鲁奇、马尔凯地区进口的扁豆、豆子和小麦。当地村民认为安特的叫喊声可以让鱼都跳起来，但他依然深陷债务之中。雇用他叫卖虽然是要付费的，但是大多数情况下他根本收不到一分钱，通常只能得到一点点鱼肉或者一小瓶红酒作为报偿。

通过集资，美格力克（Maglica）家族成员设法凑够了前往美国的船费。三等舱或甲板底部操作舱的船票价格从 10 美元到 25 美元不等，但这点儿钱需要这些贫困的家庭攒上好几个月。兄弟几个人从比利时的安特卫普出发，1873~1935 年大概有 200 万欧洲移民从这里搭乘著名的红星航运出海。在这趟奔向自由的远洋航线上有两位著名的乘客：欧文·柏林和阿尔伯特·爱因斯坦。该航线是 1871 年由教友会信徒商人克莱门特在费城开辟的。在环球航行还清父亲的欠债之后，伊夫于 20 世纪 20 年代后期在一个燃煤工厂里当烧火工人，从而定居下来；约索和耶尔科不久之后也来投奔伊夫，找了一份码头工人的工作。

1930 年 11 月，“大萧条”肆虐，耶尔科和他的妻子托米切克在曼哈顿西南的码头区迎来了他们唯一的儿子——安特·托尼·美格力克。在那段时间里，这座城市里约 6 000 人因失业而流落街头，只能拼命地卖着 5 分钱一个的苹果。由于耶尔科几乎没有能力养家，托米切克决定带着幼小的托尼返回兹拉林岛。

最初，托米切克在一块贫瘠的自家土地上靠耕种而自给自足。托尼虽然穷但是很快乐。随着“二战”的爆发，岛上的居民越来越闭塞，穷困和饥饿侵虐着这座小岛。托尼回忆起看着他的母亲和她的双胞胎妹妹娜塔乘坐一只小船离开，与强风斗争，冒着生命危险去大陆换取所有值钱的东西以凑些食物的情形。“她们一走就是好几天，而我就一个人待着。”托尼告诉我，“我母亲会给我留下一罐面粉，并且告诉我要维持一周。”为了不让肚子咕咕叫，托尼加水和面，并将其加热成一块勉强可以吃的面团儿。每个白天他都会爬到自家的屋顶上眺望船只，晚上看着被星星照亮的亚德里亚海。随着时间的流逝，罐子里的面粉吃光了，托尼的母亲和姨妈终于回来了。他带着信念和期许拥抱她们。“我母亲带回了豆子，我求她立刻煮给我吃。我永远都不会厌倦豆子！直到今天，我仍然非常喜欢豆子。”说这话时，他的眼睛里闪着光。

年轻的托尼拥有丰富的创意。他拆解闹钟、用木头雕刻象棋棋子、制作摇篮，并为家人用石头搭建避难所。同时，托米切克和她的妹妹在变卖她们的家产来交换食物：剥下床单、清空厨房的盘子和其他用具、找出家里所有的宗教用品和家具。“我的母亲，愿她安息，我们甚至拔了她的金牙去交换食物。”托尼回忆往事时表情痛苦，仿佛一切就发生在昨天。母亲鼓励他工作，努力学习，不浪费任何事物，享受每一次机遇。托尼没有接受过完整的教育，他的青少年时期是以锁匠学徒和船厂工人的身份度过的。

轴心国意大利和德国先后兼并、占领兹拉林岛，给托尼所在的小村庄带来了无尽的恐惧和死亡。加入了反法西斯运动的克罗地亚群众被关押到意大利的集中营里，其中至少有一位是托米切克的亲人。这些人每天都生活在被突然查抄、驱逐出境以及种族清洗的巨大恐惧之中。岛民被随意地处死。多年之后，托尼想到这些仍然觉得惊魂未定。他告诉我，有一段时间他总是“躲在森林”里面，整个人因“随时都会有飞机扔下炸弹”而颤抖。

还有一次，托尼、他的母亲和他们的朋友与邻居都被德国大兵用机枪指着围成一圈。这些岛民在村子的广场上排成一排。“我以为我们就要被射死了，我想就是这样。”据说是一位当地牧师与这群残忍嗜血的侵略者交涉，才使他们免于一场大屠杀。但是另一些克罗地亚村民没能够幸免于难。在达尔马提亚，由于塞贝附近的好多电线杆遭到抵抗者破坏，40 位当地居民于 1942 年 5 月被意大利人屠杀。由于他们抵抗意大利军队，轴心国对普利莫森城里的居民实施了一次炮火封锁。为了打击人民的抵抗，德国人仅仅在利帕这个小村庄就屠杀了270名克罗地亚人。

但自始至终，托米切克的不放弃让她和托尼幸存下来。她鼓励托尼坚持不懈地追求自己的梦想，回到自己的出生地——那是一片自由的土地，家园是坚不可摧的。1950年，共产主义席卷克罗地亚，托尼回到了纽约，正好赶在了战后经济大繁荣的前夕。最重要的是，托米切克坚持和乐观的精神一直伴随着他。

没有镁光，他早就被活埋了

回到宽敞的镁光仪器总部，托尼带我去了一个位于二层的大型纪念品收藏间。我立即被一个长玻璃箱所吸引，里面有打印的签名信件以及各种大小的旧型镁光手电筒。这些曾经时尚而且耐用的手电筒，有些是被碾压过的，有些浸过水，有些被火烧过。

然而，对于托尼自己来说，他发明的产品经历了巨大的考验。展览在托尼总部的镁光产品只是这家公司从第一批反馈者、军人、运动员以及普通家庭主妇那里收集到的一小部分“不可思议的故事”中的代表。这些奖状可以塞满整个展馆。

一位来自得克萨斯州新凯尼的警官写信说道：

亲爱的镁光公司：

1992年12月4日，我的一位同事被卷入一场枪击事件中，多亏了他随身携带的镁光手电筒，才幸免于难。我的警官同事当时正在应对一起发生在隔壁市区的家庭暴力案件。刚一到达这户居民家，这位警官就被告知这所房子里有一把步枪。于是他向当地警方请求支援。在等待的过程中，警官和他的警佐占据了这户人家正门的位置，试图让这名疑犯缴械投降。

警佐踢开大门，警官得以用手电筒照向这户人家的走廊，他看到在走廊的尽头疑犯手持一把火力强大的机枪正对着自己。于是警官退出房间，退到大门边警佐前面的一个防守的位置上。疑犯顺着走廊往外爬，朝警官开了一枪。如果不是警官的手电筒正好挡在子弹的前面，我想我现在可能就是在为他做最后的悼词，而不是给你写这封信。

信件后附的是手电筒的照片，这张照片可以用作证据。再次感谢你为我们制造了这么棒的手电筒，它挽救了我同事的生命。

桑迪是加利福尼亚州的一名消防员，百忙之中抽出时间来向镁光公司道谢：

我是一名消防员，如你所知，大部分同事都会用镁光手电筒在浓烟重雾之下探路。有一天在执行任务的时候，一辆消防车开过，我在地上发现了一个镁光的三节电池手电筒。靠近它一看，我发现它正好在消防车的轮胎胎痕上。我把我的同事叫了过来，我们发现外轮胎的胎痕是不完整的。我们捡起镁光手电筒并且看到了它被压进混凝土路的地方。让我们感到惊讶的是，镁光手电筒上只有两条轻微的压痕，灯泡还在正常工作。镁光手电筒的主体甚至都没有被压弯。不用说，我们已经被震惊了。非常感谢你们，做出了如此令人信得过的产品。

一名来自弗吉尼亚州韦伯市的警察分享了他的故事：

2011年5月4日，大概是早上4点，我发现有一所房子被大火湮没。我从侧门进了这户人家。烟雾浓重，双手放在眼前甚至都看不清。我把我的镁光手电筒放在门口的地上，从客厅爬进了厨房，我发现有一个人已经昏迷了。我背起他，然后朝房子的出口走去。我找不到方向，摔倒在地板上。在高温和烟雾中我迷失了方向。当我躺在地板上的时候，我环顾四周，在门口发现了镁光手电筒正指引着我逃离地狱。

我想借着这次机会真心谢谢你，多亏了这么棒的手电筒才挽救了我和这名受害者的生命。这是一个伟大的产品。再次感谢！

一名曾在沙漠风暴行动中服役的士兵向托尼为美国军队捐赠的镁光公司的产品表示感谢：

> 对我在沙特阿拉伯部队时你给我写信以及提供军需用品，我想说：那些配件和灯泡真的派上了用场。那些手电筒指引我的军队走出了暗夜而没有被侦察兵发现。这种手电筒完胜那些笨重而又庞大的军用探照灯，手电筒的皮带与我们的齿轮也非常契合，很容易就可以结合在一起。
>
> 我想再次表示感谢，谢谢你为我们部队在沙漠风暴行动中所提供的支持。我所有的战友都要向你表示感谢。谢谢你对我们的支持。上帝保佑你。

一名在“9·11”恐怖袭击事件中成功从五角大楼 1 号楼逃出来的纽约上班族写道：

> 快讯：2001 年 9 月 11 日，我和我的同事共 35 人都在纽约市五角大楼地下 6 层办公。大概是早上 8 点 55 分，一架飞机撞上了我们邻近的北楼。（我们之前已被卷入 1993 年的炸弹事件中。）
>
> 我们跑了 7 层楼才离开火灾现场，逃到街上，捡回一条命。我们没有注意有一位同事在卫生间里面。灯全部熄灭了。地下 7 层完全没有光亮，他只有他手里的镁光手电

筒。这名眼神与听力都不太好的技术员，自己摸索到了楼梯，就在第二架飞机撞到南塔南边的时候，他直接从消防出口离开了大楼。

他勉强走到马路对面，身后就是正在坍塌的大楼——钢筋、玻璃和人都像雨点一样砸向他。如果没有镁光手电筒，他可能已经被活埋了。感谢你。

另一名在“9·11”恐怖袭击事件发生时在五角大楼2号楼中的幸存者分享了他的情感体验：

我是纽约市一名在册的电器承包商，也是五角大楼爆炸袭击事件的幸存者。我们为这座大楼里面的租赁业主提供服务。我和我的一位同事在五角大楼1号楼遭撞击的时候被困在了7层。在2号楼遭到撞击之前的4秒，1号塔开始倒塌，我和我的同事还有其他几个分别来自人力经济局、纽约消防局和纽约市警察局等的人员一起被困在五角大楼7层大厅。我们安全地从连接低层大堂的走廊转移到仓库。当大楼坍塌到地面的时候，烟雾、烟尘以及冲击力极强的碎片不仅堆满了整个大厅和仓库，也堵满了我们所经过的那个走廊，大约有25人，因此被困。

呼吸问题是我们最担忧的。这里暗无天日。疼痛袭来。一个人喊道，我们都是专业人士。“停止喊叫，有没有人知道路？”我和我的同事知道。

当时我够到我那坚固耐用的工具包，拿出里面有人当作礼物送给我的两个迷你镁光手电筒。我用这两个迷你手电筒照亮墙壁，找到了五角大楼 7 号楼的出口，这才得以走到华盛顿街。

我们大约共有 25 人获救。这封关于镁光的信主要是想让你知道，你们产品的方便性对我们逃脱那场致命的灾难具有多么重要的意义。

只要我活在世上，我就不会和这两个迷你镁光手电筒分开。我没有这两个手电筒的序列号，然而我现在也不会再用它们，而只是用来纪念在这次袭击中丧生的所有曾围绕在我们身边的兄弟姐妹。我会购买一个更大号的镁光手电筒放在我的工具包里。

美国万岁，美国人民伟大的制造商万岁。这些生命因你们的产品而幸免于难。我只想让您知道，这对我而言是一种慰藉。

“150 美元和 20 个英语单词”

在托尼·美格力克挽救这么多人的生命之前，他必须先救自己。他出身卑微，如尘埃一般。抵达美国之后，他找到了一份在“血汗工厂”缝制衣服的工作。这份计件工作的工资是50美分每小时。他勤奋而努力，孜孜不倦地学习，还买来了词典自学单词。纽约的克罗地亚工会与“旧乡村”有着千丝万缕的紧密联系，而美格力克的父辈在兹拉林也建立了互助协会。但是经济机会难以惠及整个贫民窟。这个20岁出头、雄心勃勃的年轻人，带着妻儿老小，毅然决然地向西部进发。后来他回顾此次行程的所有家当:“150美元和20个英语单词。”

在科罗拉多州，机械师的职位相对较多。制造业与国防工业在丹佛遍地开花，蓬勃发展。19世纪50年代中期，制造业超过了农业，成为美国的支柱型产业。托尼四处找工作，但一些雇主因为他的克罗地亚口音而对他理解图表的能力表示怀疑。他也引起了工会领导者的愤怒，斥责他总是打断其他同事的工作。

“为什么他们对我想找到一份工作如此愤怒，我就是来工作的！”托尼向我大声说。几年之后，托尼决心带着家人前往加利福尼亚州，因为那儿有一份每小时3美元的工作等着他。这一路走得十分艰辛，托尼经常被迫推着他那破败不堪的汽车穿过洛基山脉。

在加利福尼亚州长滩,道格拉斯飞行器公司最大的工厂负责制造美国军队在“二战”期间的战机。在顶峰时期，工人们可以在一个小时之内制造出一架飞机。战争结束之后，道格拉斯既生产军用设备，也生产其他机型。美格力克在道格拉斯申请了一份工作，却因为他的英语水平有限而遭到拒绝。

“跟我说话的人甚至都不和我握手。这件事我永远不会忘记。”托尼平静地告诉我。

最终，他找到了一份在太平洋阀门公司检查机床和一份在A·O·史密斯水厂（一个热水器制造商，在“二战”期间转为生产起落架、螺旋桨、炸弹外壳和原子弹）的工作。当托尼得知A·O·史密斯公司的其他员工同时也在自家车间接私活时，他决定也这样做。1955 年，他在工人阶级居住的南艾尔蒙地租了一个很小的车库，那里的座右铭是“城市的成就”。

托尼告诉我：“这就是一切的起点。”他指着一张陈旧的黑白照片，那是一间车库，更像是一个小的棚屋，透过狭窄的窗户缝可以看到默塞德大街 2218 号的一间酒吧。另一张照片是他的小女儿珍妮，站在洛根车床边，旁边一堆金属碎屑。托尼省吃俭用,积攒了 125 美元的首付金，购买了 1 000 美元的机械。

他继续回忆道：“为了吊起车床，我必须断开炉子并拉起 50 英尺[①]长的电缆。我一般夜里去上班，因为夜班工资高，这样白天我就有时间去照看我的小车库。这个车间的工作同样充满了竞争，而最难的是拿到薪水。我必须省吃俭用，节俭度日。所

① 1 英尺≈ 0.305 米。——编者注

以后来即使我的生意逐渐成功，我也没有配一个空调房或昂贵的机器。机器和设备都是我自己修理。”

托尼能够高效完成精密仪器的相关工作，这为他赢得了一定的声誉，也获取了很多忠实的客户。他为美国导弹和卫星的关键部件贡献了重要的力量。托尼对待工作越来越认真，效率也越来越高，能比其他承包商更快地完成任务。他常常睡在工作台上，以确保能在最后期限内完成工作。

他从来不会自满。

1960 年，在他创办个人镁光仪器店的 5 年之后，托尼为他的第一台设备装置申请了专利。随着三张完美无瑕的细节图纸的完成，再也没有人质疑托尼的语言表达能力了。他解释道：“在以赢利为基础的设备操控中有非常多的注意事项，其中最重要的就是设置起始时间和精确度，特别是对于小尺寸的部件。”为了避免耗时的拆卸和机器重组，美格力克研发了可旋转的军刀用于穿线和裁边。在这项发明出现之前，工人的成本非常昂贵，且不便于管理，工人和裁剪工具的配合也难以达到制造导弹和武器系统的严格要求。托尼的专用工具通过活塞、膨胀室、缸体和压强使之能够均衡地移动，可以根据不同的规格进行细微的调整。

基于对工业设计美学和制造过程中成本效率的潜心研究，1974 年美格力克又进一步为改进的仪器设备装置申请了专利。

由于技艺精湛、质量可信赖，他很快声名鹊起。没过几年，手电筒零部件制造商的订单纷至沓来，托尼的名字和镁光的品牌逐渐被人熟知。

“要有光”

在镁光出现之前，手电筒的外观设计都没有什么美感，也比较容易坏。它们被称为“闪光”，因为碳丝灯泡效能低下，无法发出一束稳定的光。此外，这些手电筒的筒身都是用廉价的塑料制成的，很容易损坏，需要频繁更换。

像托尼一样，原手电筒的发明者康拉德·休伯特（出生在阿基巴霍洛维茨）是一个东欧移民、企业家。1891 年到达美国之后，他开了一个雪茄店、一个饭店、一个珠宝店和一个廉价物品店。和康拉德一起共事的是一位发明家兼电池专家乔舒亚·莱昂内尔·考恩，他来自一个东欧犹太移民家庭，在 9 个孩子里排行老八，喜欢市场里的一些好玩意儿，比如电动打针器等。考恩还发明了“电子花盆”，会有一束狭长的光从电子管的另一端发射而来。虽然这个新奇的尝试以失败告终，但是休伯特依旧在改进照明系统，因为他相信自己所研究的领域有很好的商业前景。考恩把专利权卖给休伯特，然后自己转移到了其他项目上，并在 1902 年创办了著名的莱昂内尔培训公司。与此同时，休伯特对第一个便携式手电筒的原油纸和纤维管进行了精加工。他雇用了著名的电池专家戴维·密歇帮助他把便携式灯型管做得更完美，此人同时也是设计师和发明家。他们向警员推销这种设备，很快这种手电筒就在全美国引起了轰动。1906 年，休伯特开始着手创建永备电池公司，并用《圣经》中的“要有光”作为手电筒的广告宣传语。

到了 20 世纪 70 年代后期，托尼对这款手电筒的设计不太满意，研发了一种新型手电筒，功能更加强大，使用D型电池，

美国专利　1983 年 6 月 14 日　1/3 页　4388673

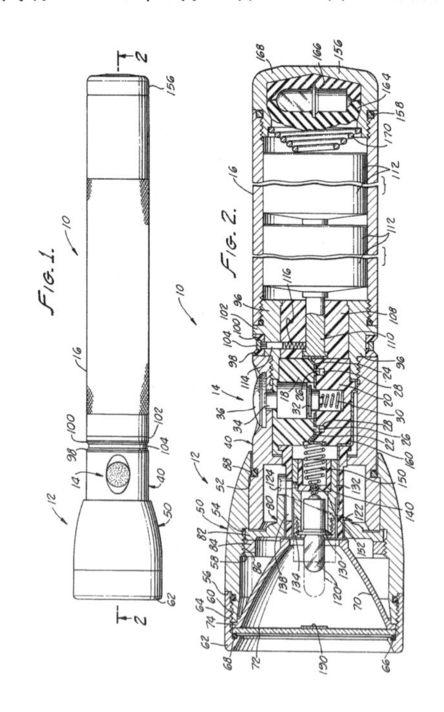

外形光滑、呈火炬状；用阳极氧化铝制成，这种阳极氧化铝由铝、镁、硅混合而成，内外都具有抗腐蚀性。在大量的试验和研究后，托尼制造出功能更强大的手电筒——用按钮开关代替了滑动开关，并且可以根据个人的需求自由调节光束。托尼在形容设备的改进时说道："手电筒的内部构造其实是可以自我净化的，当你摁下按钮的时候，触点会旋转、互相刷净，以使金属在氧化作用下可以连接得更加顺畅。"1981 年 8 月，在托尼的申请下，这个手电筒获得了美国编号为 4286311 的专利。手电筒强有力的光束同时也照亮了一个新的时代。

托尼对品质有一股执念，大脑中总是反复强调：质量！质量！质量！托尼也坦率地承认了这一点："如果确定要做一件事，为什么不做到极致呢？"

镁光仪器最初致力于公众安全领域，随着公司知名度的不断提升，托尼在警察界和消防界等接到了很多的订单，随后也获得了越来越多普通消费者的认可，手电筒成了家庭生活中必不可少的工具。粉丝们把这款手电筒称为"技术之光""实用的艺术品"。工业设计专家珍妮弗·加勒特就一直把手电筒放在随身携带的手提袋内："手电筒光线明亮、聚焦性强、电池耐用（电池的使用寿命简直出乎意料），整个结构也特别牢固，甚至有人怀疑这是武器或者锤子！此外，它的尺寸和颜色还有很多选择！我实在想不出来对它还能有什么别的要求了。"

由于同时注重设计和功能，镁光手电筒可以说是物超所值。托尼倔强地坚持绝不削减生产成本，零售价格也尽可能压低，而经销商从公司拿货的进价也一直没有增加，甚至还在降低。直到2013年，镁光才逐渐提高了批发价格。即使是这样，D型白炽光镁光手电筒的价格依然低于20美元，和1979年的市场价一样。此外，托尼还在手电筒下面附赠了备用灯泡，并且他所有的商品都是终生保质保修的。在接下来的十多年里，托尼在消费品行业持续不断地引入镁光手电系列，诞生了迷你版2A手电和3A聚焦型手电。在专利申请书中，托尼特别强调了在他之前没有人做到的掌上手电筒的光学改进，以及从散射到聚焦功能的可变光。从此，他的手电再也不仅仅是警察和消防员的标配了，而是走向了美国千千万万个普通家庭。人们把它放在手提包里，甚至扣在钥匙链上。《财富》杂志把镁光列入“美国最佳制造100强”。苹果公司的前首席执行官吉尔伯特·E·阿梅里奥告诉《华尔街日报》，苹果的目标就是要成为电脑界的镁光。

当然，成功必然会带来竞争。在某些情况下，模仿可能是一种捷径。但是对于研发者来说，这种最糟糕的形式就是盗窃。美格力克对他的专利被剽窃的事情火冒三丈，他决心对残次品和假货抗衡到底，打击专利侵权的行为。

“我们必须为自己挽回荣誉和名声。”美格力克说，“这是我们必须捍卫的。”

1978年，美国镁光在与海外山寨零售商的对抗中第一次赢得了决定性案件的胜利。公司让商店撤掉货架上的假冒伪劣产品，并且要求他们放上正品。几年之后，陪审团以侵犯版权专利起诉了卖假货的溪流之光公司，并要求其赔偿镁光310万美元，于是全世界的其他公司开始纷纷效仿。1989年，国际贸易委员会打击进口所有盗窃托尼专利的海外侵权者。在日本大阪，法院禁止朝日电器公司制造和销售镁光仿冒产品，公司罕见地在海外赢得了设计保护。日本的司法机关命令朝日电器公司销毁现存的所有仿制品，并且支付补偿性赔偿。镁光对自己激进的专利和商标保护立场感到骄傲和自豪。该公司解释说，托尼认为他的艰苦和来之不易的胜利不仅仅是镁光公司的胜利，同时也是现代企业制度体系的成功：

> 托尼坚信，美国所有的企业将从此次对知识产权的保护和对侵权者的打击中获得益处。通过对产品技术的创新和商标的保护，美国的制造商同时也维护了美国的劳动力，因为商品的制造和销售恰恰就是技术和品牌的体现。

迄今为止，美国镁光至少花费了一亿美元用于知识产权和专利的维护，从未放过任何一个侵权案件。

当我和托尼参观他最新的产品流水线时，他坚定地说："你必须保护属于你的东西和属于你的权利。"

保持美国梦的美式范儿

设计人类学家多里汤斯把托尼的镁光比作“手电筒界的贾森·伯恩”。“无论是在两万英尺的水下浸泡，还是被卡车碾过、被洗衣机洗过好几次，甚至被扔进一大桶酸性物质中，它依旧可以正常使用。最了不起的是，手电筒上明显地标出‘美国制造’。”1982 年，在托尼把公司总部迁移至现在的加利福尼亚州安大略湖畔之后，他高薪雇用了当地的 800 多名能工巧匠。托尼始终坚持最先进的、基于美国自动化维护的高质量和有竞争力的成本。他在美国不仅制造手电筒，还制造用手电筒发光的机器设备。此外，他还通过使用其他美国企业的产品，比如每年为镁光供应大量铝管的美国“恺撒”铝业，促进美国其他行业的繁荣。

在过去的 35 年中，托尼一直在继续改进和完善他的设计。当他的灯泡由使用氙和氪改进成发光二极管时，他便申请了 200 多项专利技术。他带我去了一间空的实验室，那里面有他最新的研究成果，甚至有一些成果在白炽灯的发展过程中具有颠覆性的革新意义。但是机器并没有开动，政府关于白炽灯的禁令在 2012 年生效之后，美国环境保护署禁止他制造此类灯泡。美国联邦政府自上而下通过的节能措施的禁令，不仅使得千万个工作岗位流向了中国，消费者的选择也随之减少，而其替代品荧光灯的含汞量引发了更多的环境保护问题，同时还扼杀了民营企业的创新能力。托尼本来计划雇用更多的人手制造新的产品，但这些计划现在也不得不被搁浅。“实在是很惭愧。”托尼一边摇头一边对我说，“瞧，多浪费啊。”

托尼十分激动地摘下眼镜，擦了擦眼睛：“政府不会去做创新的事情，但是像我这样的人会！政府也不会创造就业机会，但是我们会！米歇尔你说，我们的国家正在发生什么呢？我刚来到这里的时候一无所有。如果我能做到这一切，那么每个人都可以！这就是美国。”

从一开始，托尼就许诺产品是地地道道的美国货。托尼说：“政客总是声称要促进美国企业的繁荣，会不遗余力地给予支持和扶持，我已经做到了。”我们在他的工厂里散步，员工会愉快地和我们打招呼，有时候甚至还会给他们的老板一个大大的拥抱。他告诉我他拒绝对外国公司授权，也拒绝像许多南加州公司正在做的将设施转移到墨西哥的行为。当镁光需要蓄电池夹时，他也拒绝从中国进口。托尼的领带夹是自己设计制作的，却花了 100 万美元在美国安装他的工厂设备。

镁光公司“把钱都花在嘴上”，而这张“嘴”恰是托尼的心之所在。镁光公司拒绝将其业务外包，正如公司所给出的解释：

首先，在美国企业自由制度下，这样做违背他的信仰，同时也与他的回馈精神相违背。美格力克先生深知，镁光公司首先是一家美国的企业，并且他深信，镁光公司不会在美国之外的其他地方诞生。

其次，将手电筒制造业务“外包”出去，也会悖逆托尼·美格力克所恪守的“保障质量”的诺言。他会随时在车间里督促产品的改进和更新换代，观察、指导工人、聆听建议、奖惩分明……美格力克先生深知优秀和卓越的区别，知其然且知其所以然，并将恪守承诺，把产品做到极致。此外，他也知道质量不是目的而是手段，不是终点而是起点，每天都要不停地向前走。

镁光仪器的整个系列的产品都是在美国生产的，因为只要哪怕是有任何一个小部件在国外生产，加利福尼亚州都会禁止托尼使用“美国制造”的标识。在美国其他州，甚至是联邦法律，都会允许镁光使用这样的标注，而在加利福尼亚州，即使99%都是美国生产的也不行。托尼对保守而专制，朝令夕改的律法提出抗议，而当权者却充耳不闻。

无论是谁了解了托尼的故事，都会明白什么才是完美主义。

托尼坚信镁光的命运和美国其他制造业的命运是息息相关的，这就是为什么他不会放弃他的工人或者是离开疯狂的加利福尼亚州。在他所剩无几的业余时间里，托尼用他的慈善机构支持美国的执法部门、美国军方以及他的祖先们曾生活的克罗地亚土地。在俄克拉何马州爆炸案、卡特里娜飓风灾害、"9·11"恐怖袭击事件和 2011 年日本海啸等事件中，他捐赠了数以万计的产品帮助救援人员。

直到 83 岁，他都没有怎么休过假，短期内也没有这样的打算。

当我们坐在洒满阳光的公司，被员工包围着吃自助午餐时，托尼对我说："米歇尔，我至今仍然相信美国梦，坚定不移地相信。"

"只要我还有一口气，我就坚决不放弃！"

第 2 章

空调发明者威利斯·开利和欧文·莱尔：每一天都是美好的一天

No.808897　　专利获得时间：1906 年 1 月 2 日

威利斯 · 开利

空气处理装置

申请注册时间：1904 年 9 月 16 日

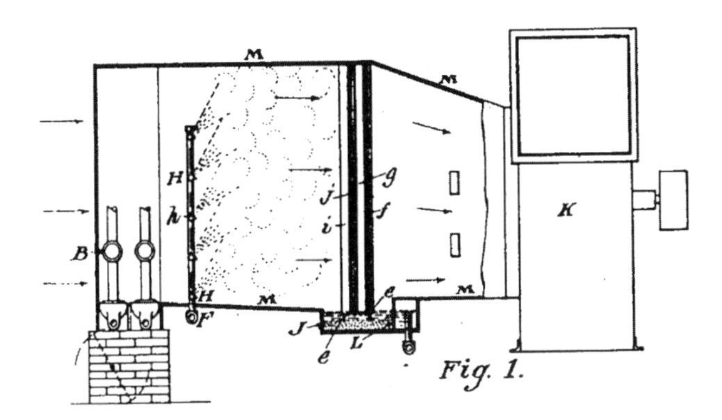

我拥有的第一辆车是一辆老旧的丰田雄鹰，那是一台白色的手动挡车，其他就没什么特别的了。作为一个锱铢必较的洛杉矶年轻记者，我每天上下班都要一身臭汗地经过令人窒息的圣费尔南多谷。开着这辆普通的车总是会提醒我，空调是多么奢侈而又神奇的存在。

每一间有冷气的民居、办公室、电影院、商场、工厂、医院和实验室都应该归功于“人造天气”的先锋：威利斯·开利和欧文·莱尔。这两位发明巨人将空调机带进了超市，带进了千家万户。威利斯·开利是一个拥有匠人精神的科学家，他的一生都在顿悟与实验中，这些都推动了制热、制冷以及空调机的历史性进步。欧文·莱尔是一个有创造力的售货员，他为开利的工作提供了无数新的商业化应用的想法，并且通过不懈地推广，利用推介会、关系网售卖、广告营销、外展的形式，成功地将这些想法都变成了价值数亿美元的产业。

从好莱坞到药厂、纺织业、卷烟制造工厂，再到零售制造业，一直到军队和普通家庭，整个美国经济所及之处，开利和莱尔都带来了变化。他们热衷于帮助企业用较低的投入获得较高的产出，衍生出不可估量的副产品——不断提升的健康、舒适和幸福感。空调改变了一切，开利和莱尔坚守着匠人精神的价值观，正是这一点让他们成为第一人。

与才智出众者的偶然相遇

威利斯·开利多产而实用的发明生涯的准备阶段从纽约西部开始，就在位于安哥拉的教友派信徒村附近的奶牛场里。杜安和伊丽莎白·开利唯一的儿子就出生于 1876 年秋，这一年恰好也是美国建国 100 周年。他的祖先曾是新英格兰拓荒者。年轻的威利斯很早就具有卓越的机械知识。威利斯做完农场里的活儿后，就会修理一台无休止工作的机器。有时候他会解决一些他自己出的数学题，有时候也会自己设计一些游戏自娱自乐，这些游戏包括在想象中建构一个全都是机械动物的动物园。他为农场组装了一台脱粒机，这台脱粒机可以在雪地里工作。他从姑姑阿比那里了解到一台性能良好的水泵是怎么工作的。他永远也不会忘记他姑姑解释如何做到使得“大气压为每平方英尺 15 磅”的情形。这一切都激发起了他研究空气奥秘和奇迹的兴趣。

他的父亲杜安是一位老师，也是一位商人，曾立志成为一名医生。但是威利斯更加崇拜他的母亲伊丽莎白，因为她有无限的好奇心。她能够修理好闹钟、参观造纸厂，还给他提供很多解决问题的方法，这些方法甚至对他以后的 200 多间工厂的运转都有所帮助。开利描述了他 9 岁那年有一次从学校回来后很焦虑，因为不懂分数，他的母亲这样帮助他理解：

我的母亲让我去地窖拿上来一秤盘苹果。她让我把这些苹果切成1/2、1/4和1/8，然后把这些苹果瓣相加、相减。分数的意义就这么显现出来了，而我也觉得非常骄傲。我当时的感觉就像是获得了一个巨大的发现。从此以后，对我而言就再也没有无法克服的困难了，我会将困难分解成一件件简单的事情，这样就容易解决了。

开利太太在威利斯11岁时就过世了，但是威利斯从母亲去世那天起就将她身上美国北方人务实的精神落实到自己的一言一行中。“弄清楚你的事情。”她常常这样敦促道。自力更生的威利斯也正是这么做的。在威利斯读高中的时候，美国经济进入了萧条期。他每天早上5点起床，为父亲的24头奶牛挤奶，送完牛奶之后就飞奔回家吃早餐，然后再步行1英里去学校，出色完成所有的课程之后，再飞奔回家挤更多的牛奶。在康奈尔大学读书期间，他除了获得奖学金之外，还能够平衡严谨的学术日程与拳击、越野及划船等体育活动与更多的工作，例如修剪草坪、照料炉子与做餐桌侍应。开利与一位大学时期的朋友创立了美国的第一个学生合作洗衣房组织。这些组织至今仍然活跃在大学校园里面。

在另一所大学（肯塔基大学）校园里，乔尔·欧文·莱尔也以一名学生运动员的身份茁壮成长。莱尔在学校足球队里踢球，并且加入了Sigma Chi兄弟会（一个社会博爱协会）和美国工程荣誉协会。一个农场男孩、足球明星、未来兄弟会会长、天生销售员，莱尔1896年获得了机械工程学学位。5年后，他又获得该专业的硕士学位。他一毕业就被布法罗锻造公司聘用了。

莱尔毕业5年后的1901年，威利斯·开利从康奈尔大学毕业。他的母校，由自学成才的创新企业家埃兹拉·康奈尔于1865年创立，重视技术创新与应用科学。作为教友派信徒商人的儿子，康奈尔6岁就开始接触其父的陶器生意，12岁进入农场工作，17岁成为一名木匠。康奈尔成为电报产业的领军人物，从而获得了财富。他第一个设计了用犁挖沟将电报电缆深埋于地下，并为此申请专利，该专利获得电报发明者萨缪尔·摩尔斯亲自批准。在他研究了美国国家专利局与国会图书馆的电力和磁力之后，康奈尔意识到，他需要通过把电缆装在玻璃绝缘杆里的方式来解决地面上的电缆绝缘问题。摩尔斯聘请他在华盛顿与巴尔的摩之间架线。通过这条线，这位电报发明者发出了他著名的“上帝做了什么？”的消息。

作为一名勇敢的企业家，康奈尔将他的一大部分收入都投进了股市，成为美国西部最大的股票持有者。他出资建立了以他的名字命名的大学。这所大学建立了美国第一个电气工程学科。威利斯·开利在康奈尔大学获得了他的机械工程学学位。在学校创始人的精神的影响下，当机会来敲门时，这个农场男孩儿毫不犹豫地给出了回应。尽管他以前从没有听说过这家公司，开利还是接受了布法罗锻造公司给出的职位邀请，而没有按照原计划选择申请当时声名显赫的通用电气公司。布法罗锻造公司由康奈尔的毕业生合作创立，生产铁匠使用的熔铁炉、立钻、蒸汽机、热水器、吸尘器、鼓风机和带锯。

1901 年 6 月，开利乘坐公交车去公司参加会议，他不知道布法罗锻造公司的办公室在哪里，只好询问路人。年轻的乔尔·欧文·莱尔也正好前往总部去讨论办公室从雪城分公司转移到纽约市的问题。机会也好，命运也罢，开利和莱尔登上了同一辆百老汇有轨电车，前往布法罗锻造公司位于莫蒂默街上的大楼。尽管他们此刻各行其路，但是不久之后，这两位聪明而又满怀抱负的年轻人就会再次相遇。要解决问题，要捕到鱼。正如开利对他实用主义方式的研究，发明创造与商业活动一样："捕捉到的鱼一定是可以吃的，不然我不会尝试捕捉它。我只钓可以吃的鱼，只测试有用的数据。"

事实上，在为人们制造"舒适空气"的想法成为社会认可的理念之前很久，开利和莱尔的工作目标是针对工业和工厂的。他们的第一个项目不是为了帮助浑身大汗的人们，而是保持纸张的湿度。

印刷、皇冠盖、剃须刀和烟草

1902 年春夏，纽约酷热。人们都涌入公共澡堂。贫民窟的人们睡在走廊上，并且把消防栓打开以解暑。纽约《布鲁克林每日鹰报》在 5 月底的一期报纸上刊登了一则名为“突如其来的热浪击倒多人”的报道。西奥多·罗斯福总统从闷热的华盛顿逃离到位于纽约长岛牡蛎湾的萨迦莫尔山海滩的别墅里。大大小小的生意都受到了高温、湿热对货物及机器带来的负面影响。

在位于布鲁克林的萨基特威廉斯印刷厂里，工人们与闷热的空气对彩色印刷工作带来的伤害做着斗争。第五大道的商场需要生产的演出票、商业名片、手册及各种各样的宣传图，依靠一队由 35 名工人组成的队伍操作着工厂里面的 25 台蒸汽印刷机和 40 台手动印刷机，全天 24 小时不间断地工作来应对紧张的交付期限。这家公司最重要的客户之一就是《法官》杂志。这是一本领导型的、倾向于讽刺共和党的出版物。它以鲜明的四色印刷内页、政治漫画及艺术传播为特点。（这本杂志最著名的漫画家是：希奥多·“苏斯博士”·盖索。此人在 19 世纪 20 年代末成为该杂志的签约作家和艺术家，这一年他 23 岁。另一位著名的的同事是哈罗德·罗斯，他于 1925 年离开该杂志创办了《纽约客》。）萨基特威廉斯印刷厂以精美的色彩闻名于世，但是他们发现，高温热浪阻碍了印刷机的运行。纸张具有吸湿性，即纸会通过吸收或吸附空气中的水分而保持湿度。潮湿会导致纸张收缩、膨胀和弯曲变形。颜色也会混在一起。糟糕的天气导致灾难性的油墨重组，需要代价惨重的重新印刷或者取消印刷。灯光、蒸汽机、印刷机和工人产生的热量以及从户外漏进来的热气也都增加了额外的热量。

随着温度的飙升，一位印刷厂的顾问工程师来到布法罗锻造公司位于纽约的办公室，找到欧文·莱尔寻求帮助。莱尔将这个项目交给了那年秋天他在去往布法罗的有轨电车上遇到的同伴威利斯·开利。开利进入公司后不久就通过着手实验研究优化公司的制热、干燥和强制通风系统的设计和安装项目。不满足于行业里传统的估测方式，开利系统地建立了加热炉数据的构造表，使工程师能够很容易算出蒸汽在加热盘管上流通时能吸收的热量。开利的上司很明智地支持他的研究，并且允许他在内部建立了一个工业实验室。

如今，他的任务是解决萨基特威廉斯印刷工厂热得一团糟的问题。就像是他母亲在他小时候用苹果来教他学习分数一样，威利斯·开利将这个问题分解成容易完成的部分。他需要完成组成空调的四种任务：温度控制、湿度控制、清洁或净化空气，以及空气的有效流通。以前的创新者已经尝试过在封闭的空间内用风扇、雪和冰来降低空气温度。但是没有一个人成功地将空气内的潮湿度降低，并且将空气中的水分稳定地保持在一个特定的水平线上。萨基特威廉斯印刷工厂需要一个系统维持室内温度，冬季要保持在 70 华氏度（约 21 摄氏度），夏季要保持在 80 华氏度（约 27 摄氏度），全年的相对湿度应保持在 55%。开利决定把布法罗锻造公司的加热机添加到新的制冷机器中。他决定以循环的冷水替代蒸汽注入加热盘管。开利深入地研究了莱尔给他的美国气象局的报表，莱尔希望该表可以帮助他建立一个空气除湿系统。通过该数据，开利选定了一个雾点温度可以将印刷厂的湿度控制在一个合理的程度内。（雾点是大气湿度的标准之一，雾点越高，空气中的水分含量就越高。）

直到 1902 年 7 月 17 日，纽约终于熬过了这场热浪，开利制订了研发世界上第一台智能空调系统的计划。两部分蒸发器盘管管道用作制冷和除湿。一条管道从承压井里面引来冷水，另一条管道连接到一个能快速冷却的氨制冷机上。美国采暖、制冷与空调工程师学会这样解释基本操作原理：

> 空气被吹到一套叫作蒸发器盘管的冷却管中冷却。其工作原理就像是水从你的皮肤上蒸发就能给皮肤降温一样。蒸发器线圈里充满了一种被称为冷却剂的特殊液体，它可以让液体蒸发成为气体，这样子就可以吸收空气中的热量。冷却剂被抽送到外面……到另一个盘管上，这个盘管会释

放热量，再将气体凝结成液体。外面的线圈被称为冷凝器，因为冷却剂是从气体凝结成液体的，就像是冰冷的窗户玻璃上的湿气。一台被称为压缩机的泵，被用来在两个线圈之间移动冷却剂，改变冷却剂的压力，以保证所有的冷却剂都可以在合适的线圈内被蒸发或者凝结。

一切运转的能量都来自压缩机的马达。整个系统能输出压缩机所使用的能量的三倍之多。发生这种奇怪的事情是由于冷却剂从液体到气体再到液体的转变过程会让整个系统释放出比压缩机所需的更多的能量。

开利的工程师玛格丽特·英格尔斯在记录这个新系统的组成部分时，惊叹她的上司所取得的突破："加起来，它们的冷却效果共有 54 吨，相当于一天之内可以融化 180 000 磅的冰。这个装置真的是人类在控制室内气温上的一个里程碑。"这是一个很重要的尝试，却不是一次真正意义上成功的尝试，这台改造后的设备并不是最理想的。开利将他的注意力放到线圈间隙中的含水空气，处理过的空气也会从操作部分里分布不均地散布出去。最终，开利和莱尔开始发明用于室内的高质量通风管装置。他们一直在努力做得更好，后来也转向研究通过从自流井中抽取循环水来降低客户的系统使用成本。一年以后，新发明取代了萨基特威廉斯印刷厂的压缩机，并且莱尔也向布法罗锻造公司反馈道："过去的这个夏天，我们对出售给这家公司的冷却线圈给出了满意的答卷。"

莱尔竭尽全力地向全世界宣传开利的空调系统。他向美国暖通空调制冷工程师协会和美国制冷工程师协会展示开利的技术报告，宣传演讲并撰写产品说明书和手册。他安排布法罗锻造公司成立一个新的全资子公司——开利空调公司，用以生产和销售空调。莱尔积极拉拢新客户，并提供一流的客户服务。在公司里，他就像一位父亲一样，对下属的工程师们有赏识和培育之情。当时有一本工业杂志的记者给出了如下认可：

> 莱尔现在能够如此有名，很大程度上是因为开利空调公司的成功，因为他给开利设计的各种应用程序订立了标准，并且，对他而言，无论是能与客户签订协议，还是能向大众宣传开利空调的可靠性，都得益于公司开放而自由的企业文化。

与此同时，开利在不断地重组、调试、思考和讨论在除湿控制中出现的问题。他的执着已经变成一种传奇。高度的实用主义和滑稽的精神恍惚带来的负面影响就是，这位发明家经常会忘记吃饭，有时候也会忘记身边有人。他会在饭店的桌布上画技术图。有一次他乘飞机去谈生意，却发现他的行李箱里面只有一块手帕。看起来他的想法天马行空、不切实际，但其实他杰出的设计却实实在在地解决着机械工程的实际问题。

有一天傍晚有大雾，威利斯·开利站在匹兹堡火车站的站台上，突然被一个清晰的、创造性的想法击中。迄今为止，它仍然在方方面面影响着现代日常生活。他是这样子描述当时灵光一现的情形的：

> 这里的空气湿度约为100%，但是由于温度非常低，所以即使是水分饱和，也不会有切实的湿润感。但是现实中不会有那么低的气温。现在，如果我可以让空气饱和并且控制气温到达饱和点，我就可以在空气里携带我希望的水分含量。我也可以使空气通过一个细水喷雾器来制造真实的雾气，通过控制水的温度以控制饱和温度。当需要湿润的空气时，我可以对水进行加热；当需要干燥的空气时，也就是空气中的水分含量很少时，我可以用冷水降低空气湿度。冷喷水实际上就是冷凝表面。我当然可以解决掉在线圈冷凝空气中的蒸汽带来的生锈问题，因为水不会生锈。

这一点，他的产业继承人给予认可："思路虽然异于常理，但是依然令人赞叹。"开利在那天的大雾中意识到他可以用"湿润"空气的方式来干燥空气，空气穿过水，再用喷雾，从而冷凝表面。这一发现使得控制人造空气的湿度保持在某个特定值成为可能。《美国资产》杂志在解释这一现象时说："首先将水冷却下来，再将它喷进室内。由于是一大堆微小水滴，一股冷的雾气就会降低室内温度，同时除去空气中的湿气，这比任何形式的线圈都会更加有效率，同时也更加有效。”空气变成雾气之后，就会被吹进一个带有挡板的封闭空间内，挡板会把小水滴和饱和空气分开。此外，雾气也有助于清洁和净化空气中的灰尘，为人类的健康和个人舒适感都带来了革命性的提升。1906 年，开利的“空气处理机”获得专利。开利在之后的生命中，凭借在工程中的提升和贡献得到 80 余种其他专利。

在保护他们的专利的同时，开利和莱尔也与科学协会保持紧密的联系，共享知识，也开放他们的办公室用作展厅。这些交流为世界各地的工业从业者和消费者都带来了更多的好处。开利继续寻找更优质的冷却剂，继达林之后，他又开始实验二氯甲烷（CH_2Cl_2），他称之为“二氯甲烷–1”。杜邦公司的化学家托马斯·米基利发现了一种更便宜的、更不可燃的冷却剂——含氟氯烃的氟利昂，在这之后，开利也着手关于它的研究。开利发现在制造氟利昂的过程中会产生一种中间气体。米基利不知道该如何应用它，于是将他的手稿和液体标本给了开利。气体氟利昂–11（三氯一氟甲烷）比开利目前使用的冷却剂更好，因为氟利昂–11 更易于压缩，并且和氨气相比，不会那么频繁地泄漏。这种被称为“二氯甲烷–2”的物质，成了开利自己的离心压缩机冷却剂的核心。

莱尔当选为美国暖通工程师协会主席。莱尔和开利对“空气线图”（对潮湿空气）的研究突飞猛进，掌握了滑动规则和对数表，发表并出版了许多时至今日仍然被奉为圭臬的论文、目录、图表和教科书。1911年，35岁的开利发表了“焓湿图”公式——被称为湿空气动力学的“自由大宪章”，并在美国机械工程师协会上公开发表。他有条不紊地说明如何确定温度和湿度之间的精确关系。他消除了同行们在过去几十年里的臆测与不严密。他发表在美国机械工程师协会的科学刊物上、具有开创性的论文和图表，在今天仍然是空调行业各项发展的计算基石。

开利坚持不懈的理论研究不只影响空调行业，而且对农业、建筑业、食品工程、医药制造、气象研究、天气预报以及其他领域都有影响。正如开利自己在“焓湿图”公式的论文中指出的一样：

> 这种创意在各个工业领域的应用可以证明它具有巨大的经济效益。把它应用到高炉之中，可以将生铁的净利润从每吨0.5美元提高至0.7美元；应用到纺织厂，它能够将产出从5%提高至15%，同时极大地提高产品质量与生产车间的卫生条件。在其他工业领域，例如光刻印刷、手工制糖、面包、烈性炸药、摄影胶片、通心粉和烟草等干燥和吸湿材料，而湿度问题同样重要。

受到在肯塔基农场的那些日子的启发，欧文·莱尔与烟草农场主们做起了生意。他在向卷烟出口商们证实了通过控制湿气能够提高烟草的称重和定价的精确匹配度之后，成功地以 1 850 美元的价格向肯塔基的亨德松售出了一套系统。基于这次的成功案例，莱尔和开利拜访了位于新泽西州纽瓦克市的一家雪茄工厂，这带来了全美国为大规模卷烟生产厂家提供空调系统的合同。1913 年，开利走访了一家大名鼎鼎的客户——美国烟草公司。他这样形容位于弗吉尼亚州里士满的这家污染到令人窒息的工厂："我只能看到眼前一英尺的地方……当阳光照进来的时候，我在屋里甚至看不到窗户。"工人们用手帕捂上了嘴，到处都是灰尘。开利在这个卷烟工厂的生产车间里装上了加湿系统，并且安装了一个可以将大量空气吹进室内而不会扬起灰尘的装置。

工人们涌入装置室，从潮湿、炎热和灰尘中解放出来，开利简短地汇报："结果棒极了！"

开利的团队将他们的产品卖给了大大小小的公司，满足人们形形色色的需求。位于美国长岛的口香糖公司——著名的 Chiclets 口香糖制造商（现在你在杂货店的收银台的货架上仍然可以看得到它）也购买了一套开利的冷却系统，以便将口香糖的粉碎、涂层、抛光和包装车间内的温度和湿度都保持在一个特定值。如今依旧在生产的惠特曼盒装巧克力生产商，在其位于菲律宾的制造工厂安装了开利的第一款离心式冷水机组。粉末制品工厂、化学工厂、奶酪制造商、面包坊、爆米花点心设计商、眼镜生产商、精密刀具制造商和铅笔生产商都部分或全部购买了开利的系统。“一战”期间，开利的设备为新泽西州的国际武器和保险丝公司，以及位于康涅狄格州纽黑文市的温彻斯特连发武器公司提供冷却系统。“二战”期间，军队利用开利顶尖的工程人才和顶尖的器械设备与部件，包括飞机发动机支架、机枪的瞄准具、坦克适配器和反潜炸弹放电器。

还有两家公司是开利及其团队工作成果的直接受益者，它们是威廉·佩因特的皇冠瓶塞密封和金·吉列的剃须刀帝国。开利的执行官爱德华·T·墨菲在谈到他们公司在批量生产过程中所起到的支持性作用时说：“你是否思考过，冷却剂和皇冠密封以及内装品之间的关系？”威廉·佩因特的创造物里面有软木塞，被压缩之前与黏合剂混合在一起。黏合剂必须保持在软木塞的表面，不能渗透进气孔里。“为了达到这种效果，低温而干燥的空气必须要被吹进混合物里，在黏合剂深入软木塞的气孔里之前就将黏合剂里面的水分蒸发出去。位于巴尔的摩市的皇冠瓶塞密封有限公司的装置就是一个特别成功的案例。”

墨菲称，开利的工程师们也解决了一个困扰吉列剃须刀工厂的生产问题。“吉列先生有一个特别麻烦的问题，即在船把刀片运到之前，刀片就生锈了。”刀片的生锈主要是由于气动机械操作时的高压气体造成的。墨菲称："为了避免这种情况，开利的工程师们为金·吉列安装了一套冷却系统，将压缩空气中的水分被释放之前就排出去。"金·吉列公司最终在 2005 年以 570 亿美元的高价出售给宝洁公司。

好莱坞大片："是的，人们一定会喜欢它"

阿道夫·祖科尔是一位野心勃勃的梦想家。他是匈牙利籍犹太移民，1888 年到达纽约港时，他是一个 16 岁的孤儿，身上只有 40 美元，他把这些钱缝进了大衣边儿里。祖科尔在一家家居店里清洗地板，薪水是每周 2 美元，后来成为一家皮具用品店的学徒，学习切割和剪裁毛皮。1893 年的哥伦比亚博览会深深地吸引了他，年轻的祖科尔和数百万人一道去了芝加哥。在那里，他们都沉浸在世界性展览带来的视听震撼和巨大的鼓舞之中，这是时代进步的庆典。这位年轻的创业者留在了中西部地区，并且建立了一家皮革制造工厂。事业成功之后，他遇到了自己后来的妻子。1900 年他返回纽约，在那里，他坠入了爱河——和电影。

祖科尔投资了杂耍、便士拱廊（游乐场的一种）和尼克剧场。顾客们在这些地方排起长队，轮流观看由托马斯·爱迪生发明的放映机播放的一分钟电影。随着胶片电影放映机的出现，在大型娱乐场所的大规模放映得以实现。影院经理与从皮具商人成功转型为影院大亨的马库思·勒夫合作，将零售商店及写字楼转变成了一个以电影院和休闲娱乐为一体的娱乐中心。祖科尔在勒夫有限公司担任财务主管一职，这家公司后来成为米高梅电影公司的母公司。但他想要更多的创意控制权。从他从事皮具生意的那段时间起，祖科尔就磨炼出一种高品格。这位新进影视人员希望能够拍出拥有魅力四射的明星和持久艺术价值的作品。这些作品应该超越当时流行的那些简单的单卷电影。1912 年，他成立了自己的制作公司，他的创业合作伙伴包括电影先锋杰西·拉斯基与导演塞西尔·B·戴米尔。

20 世纪 20 年代中期，工作室拥有的“电影宫”和“神奇电影”风靡一时。综合座位容量达到 1 800 万的电影院在美国就有 2 万家，创造了约 7 500 万美元的税收，为 35 万人提供了工作机会。当时著名的豪华剧院包括：芝加哥的伊利诺斯剧院、匹兹堡的罗氏潘恩剧院、位于洛杉矶的属于经理人锡德·格劳曼的中国剧院和埃及剧院。这些建筑都拥有宏伟的楼梯、瑰丽的壁画、华美的窗帘、庄严的管风琴和华丽的吊灯。但是在夏季，所有这些华丽的装饰和陈设都无法抵御炎热。在炎热的天气里，剧院要么闭门谢客，要么只能亏损着为极少数的客人提供服务。

创新者关注到这一现象。发明家沃尔特·弗莱舍尔试图给纽约市的福丽秀剧院降温，他采用的是最原始的空气清洗器，但这种机器缺少可以自主运行的机械压化冷冻装置。在芝加哥的中央公园和里维埃拉的剧院里，经理人邦尼、阿贝·巴拉班、山姆和莫里斯·卡茨发现了一种以二氧化碳为基础的冷却系统。该装置由弗雷德里克·威腾梅尔发明，其原理是将冷风从影院座椅下面的“蘑菇”吹出去，这种蘑菇形状的通风设备对于缓解高温空气给人带来的闷热感很有效果。但是热空气上升，冷空气由于质量较重，就会沉到观众脚底，最终观众会感到脚趾头冻得厉害，影响观众的心情。

作为另一个选择，开利工程公司的洛根·刘易斯研发了一个新系统。它的原理是让空气从天花板上吹出，最后回落到地板上，通过这样的方式营造一种柔和的甚至是令人察觉不到的空气流动。1922 年，他在位于洛杉矶的格劳曼都市大剧院安装了这种设备，通过下沉的空气分布及分流循环达到降温效果。刘易斯详细讲述了，在旧的“蘑菇”制冷系统下，那些电影院常客如何将他们的脚裹在报纸里，以保护自己的脚不被冻坏。刘易斯的新方法“使得空气不仅可以在不制冷情况下保持较低的温度，而且可以使得分别控制温度和湿度成为现实”，这种设计是将 1/3 的空气冷却两倍以上，然后再与从剧院里回流的温暖的旁路空气混合。开利的工程师们的“倒挂系统”最初被那些剧院的势利小人嘲笑，但是他们坚持不懈，测试、完善并在一个连续的反馈回路中调整。

两年之后，开利为得克萨斯州的好几个电影院都安装了这种空调系统。这种空调系统将开利公司的具有开创性的，拥有多项专利的离心式制冷设备水机组与旁路下沉方法相结合，是第一个可以有效为大型空间降温的方法。正如威利斯·开利1920年在备忘录上向他的团队解释的，关于“改进制冷系统的发展可能性”，自从戴维·波义耳的氨压缩机1872年问世以来，那个时代的技术其实没有多少进步。传统的活塞式压缩机装置是在机车上来回往复运动的大型机组，而开利的想法是将同样的旋转动力突破性地运用到制冷装置的电力运输中。他就是如同乔治·威斯汀豪斯和尼古拉·特斯拉这样的开创者。开利写道：

> 电力传输的整个系统已经从一无所有发展到一个巨大的产业，利用的就是相对简单的电机，这些电机都是高速旋转的设备。
>
> 工业已从低速的往复式蒸汽机进化到高速旋转的涡轮机。抽水装置正迅速从活塞压缩机转变为高速旋转泵，无论是液体还是气体。现代的发电厂安装了高速的、直接连接的离心泵，锅炉给水泵几乎完全取代了老式活塞蒸汽机。
>
> 制冷技术，尽管被定义为老式机械工艺中的一项，却没有展现出应有的物质文明。电气传动、蒸汽机和泵等方面都已完成同样的改进，冷却剂也一定要跟上这种改进。

开利着手将一台离心式压缩机、冷凝器、冷却器与一个直接驱动装配起来，通过这样的方法，“冷水机组”可以适应高速运转。该系统包含一个简洁又便宜的热交换机，连同一种全新、无毒的冷却剂。开利积极进取的销售团队说服当时处于领先地位的电影工作室派拉蒙影业公司在纽约时代广场的里沃利剧院安装了这一系统。工程师还必须说服纽约市卫生部门，让这些人相信开利公司选用的冷却剂——达林（就是偏二氯乙烯），它比别家公司用作冷却剂的氨要安全许多。在与纽约市政府的会面中，开利毫不犹豫地往一瓶达林中投掷了一根点着的火柴，他要用这样的方法证明达林的安全性。这种无毒气体燃烧得特别缓慢，而且它不像氨气那么易挥发，也很安全。政府的态度终于缓和了下来。

1925 年的美国阵亡将士纪念日那天，剧院开业。里沃利剧院的合约要求一台 133 吨重的机器投入运作。创始人威利斯·开利本人（他忠诚的员工们也亲切地叫他“老大”）和他的团队在里沃利剧院工作了一整夜，为高危示范做准备。电影院开门之前就有成千上万的电影爱好者排起长队。开利回忆道：“那种场面看起来好像是有一场世界职业棒球大赛的观众在等待露天座位，他们不仅仅是好奇，也有怀疑，很多女人和男人手里都拿着扇子——这在当时是标配。”

一个小的后勤故障让开利的团队非常苦恼：

> 最终的调试推迟了我们启动该机器的时间，结果剧院门已经开了，我们的空调系统还没有被打开。人群蜂拥而入，坐满了所有的座位，真是超出了我们的预想，令人非常担心。看着两侧2 000名电影迷涌动，我们感到非常沮丧。

钟表在嘀嗒嘀嗒地响着，开利的团队都屏住呼吸：

> 在炎热的天气里，要将一个短时间内就挤满了人的电影院的温度降下来需要时间，对于一个座无虚席的房间而言，需要的时间则会更长。渐渐地，悄无声息地，这群电影迷围在一起，空调系统的作用开始显现，只有一小部分反应较慢的人还在坚持，但是很快，他们也停止扇扇子了。他们不觉得热了，我们也终于松了一口气。

当天在参加具有纪念意义的阵亡将士纪念日活动的观众中，有一位最重要的成员，这个人就是阿道夫·祖科尔。还记得我说过他离开了勒夫的公司之后就成立了自己的制作公司吗？这家公司正是派拉蒙影业公司——好莱坞电影生产巨头、百老汇里沃利剧院业主。当开利和他的工程师们很紧张地等待空调发挥作用的时候，祖科尔正在影院的阳台上暗地里观察着这一切。开利紧张地注视着电影院的重要人物，他将全部注意力放在了影迷扇动的扇子上，心思根本不在电影上。开利这样描述那次的结局：

> 我们走到大厅里，等待祖科尔下楼。当他看到我们的时候，他都没有等我们问他的意见，就简明扼要地说："没问题，人们一定会喜欢它。"这是一个值得庆祝的时刻，我们已经通过了考验。

这个创造性的天气操纵器赢得了里沃利剧院观众们的赞誉，而且在长达几个星期的时间里都是"百老汇谈资"。影院的经理在报纸广告中描述他们的会场"如在山顶一般凉爽"。里沃利剧院的主屏幕上会传出"制冷装置"的巨响，而且入口标志上也在宣传"冷却器制冷"。剧场不再是一个简单的影院，而成为一个理想的避暑胜地。这块避暑胜地创造了全年的利润，主顾也非常感谢这个"可以完全保持在一个恰到好处的温度的了不起的装备"。

里沃利剧院的美好结局只是开利的工程师在电影产业领域的开始。1926 年，祖科尔建立了能容纳 3 600 人的派拉蒙剧院和百老汇高达 39 层的总部，并在这两个建筑里面都配备了空调装置，该公司也在其著名的纽约罗克西剧院安装了该系统。这座可容纳 5 900 人的"宫殿"号称"电影的教堂"。到了 1930 年，开利已经在美国的电影院里安装了 3 300 套空调系统。当然，娱乐圈中不只是影院老板欢迎开利的技术，剧院的演出者也希望能够从沉闷厚重的服装和聚光灯炽热的光照中解脱出来。赛璐珞胶片公司依靠开利的产品净化实验室的空气，并控制温度和湿度，适当的空调系统可以防止胶片因干燥而开裂或凝结。拥有天才创造力和企业家野心的开利和莱尔以及他们的团队将夏季从以前的“票房炸弹”转变为好莱坞最赚钱的季节。如果没有剧院冷气，我们恐怕已错过暑期大片：《大白鲨》《星球大战》《侏罗纪公园》和《回到未来》。

如今的娱乐产业，经常会把企业家妖魔化成艺术、文化及一切好东西的贪婪的敌人。即便没有追求利润的开利和莱尔，它可能在“大萧条”中也会发展得很好，但是空调之父不仅仅是为浮华城（即好莱坞）保留了工作机会。

他们也挽救了生命。

婴儿、病菌、药品与小儿麻痹症

1906 年，在康尼岛的月神公园，炫目的灯光和狂欢的声音伴随着的是手绘的招牌广告：“婴儿保温箱，帮助婴儿健康存活。”这届婴儿保温箱展由德国移民、新生儿学家马丁·康尼举办。他面向公众开放一种 10 美分的小演出，允许那些对保温箱特别好奇的人观看：他和训练有素的护士们照顾那些别家医院不想也没有能力接收的早产儿。康尼医生从来没有向孩子们的父母收取医疗器材的费用，他就在路边做展览。他在世界博览会、欧洲博览会、亚特兰大的人行木板桥上、旧金山、芝加哥、丹佛、里约热内卢的奥马哈市和墨西哥城医治婴儿。叫卖的小丑将人们的视线从长胡子的妇女、吞剑者和棉花糖那里吸引过来。他们赤裸裸地诱导："别错失婴儿。"

康尼医生确实提高了人们对新生儿的护理意识，并且对于许多孩子的抢救功不可没。但是撇开将早产儿作为游乐园古怪事情的展出这种令人不安的事情不谈，数十年来将护理婴儿作为展览内容带有更多根本性问题，这些问题与马戏团表演般的诊疗有关：康尼保温箱以前是用铁和玻璃做成的，通过将热水管与中央锅炉连接来进行加热。

开利空调公司的美国工程师T·A·威格尔在1916年解释道，这种"烤箱"是通过水分蒸发的形式来保持恒温的，但是这种配置会让空气变得污浊又干燥。在位于宾夕法尼亚州匹兹堡的阿勒格尼综合医院，开利团队安装了美国首个育婴系统。该空调装置位于医院屋顶，通过一个离心式风机带动电动马达。空气会穿过一组加热线圈，然后再穿过一个开利牌空气清洗加湿器，该装置的喷嘴强制使水进入雾压室里。灰尘、病菌和空气中的其他污染物会通过一组垂直放电器清理掉。这种装置将热水通过喷嘴喷射到冷水中来控制空气中的水分含量。净化后的空气穿过第二组加热线圈到达风扇后，通过一根导管进入一个装在玻璃罩中的有 4 张婴儿床的保温室。开利采用了与剧院同样的下沉气流分布与旁路技术，使得空气以低速通过天花板进入育婴室，再通过在地板上的处理器流出去。

公司的工程师们几年前在伊利诺伊州的一家医院安装空气清洗器时已经积累了经验。他们扩展了由约翰·戈里博士首先提出的舒适性空气原理。约翰·戈里在佛罗里达州的阿巴拉契科拉美国海军医院治疗身患黄热病的美国军人时，发明了一种空调系统，其原理是将空气通过进口的冰桶吹进病房里。戈里在 1851 年凭借此装置获得了一项专利，它被誉为“第一台用于机械制冷和空调的机器”，但他没能够将这项发明变成一项实用的商品。戈里的制冷机可以“为派对制造足够多的冰来冷却香槟瓶，却没有得到他需要的资金来支持他的想法实现商业化”，《美国资产》杂志如此评论道。开利公司正相反，积极并成功地追求每一个商业上可行的创意，孜孜不倦地追求做得更好。到 20 世纪 50 年代末，几乎所有的新医院都已经安装了空调系统。

开利又进军制药行业，最引人关注的是对位于底特律的美国派德药厂的改进。开利公司的工程师为医药公司的胶囊制造区提供了空气冷却和降温系统。该公司还为乔纳斯·索尔克博士研制的小儿麻痹症疫苗的生产制造基地提供了最先进的温湿度设备。索尔克与美国派德药厂合作，一起研究和开发可商业化的流感疫苗。美国派德药厂与美国礼来制药厂引领了美国的小儿麻痹症疫苗的商业化大规模生产。开利公司的执行官威廉·拜纳姆解释道：索尔克的实验室不仅要求精确控制空气的温度和湿度，还要严格控制空气的纯净度以保护成千上万的试管和幻灯片不受污染。

拜纳姆在笔记中记道："把试管单独密封，以免受到细菌、酵母和空气中霉菌的感染，这样会相对有效地降低它们的活性。"当时传染性极强的小儿麻痹症正在肆虐蔓延，一分一秒都不能浪费。

开利公司为索尔克设计了一套特别的系统，通过对他的实验室加压来阻止外界空气的渗透，利用 5 个独立的过滤程序来净化、调节空气供给，将温度保持在一个较低水平。就像开利为阿勒格尼综合医院建造的育婴室一样，索尔克的设备也用开利的设备为小儿麻痹症病毒的培育保持恒温。开利冷风扩散器可以把病毒植株的温度控制在 40 华氏度（约 4.4 摄氏度）。接下来发生的事大家都知道了，索尔克的疫苗挽救了成千上万的生命，引领了疫苗革命。

前进的脚步一直没有停下，和开利一样痴迷于调节温度的工程师继续向新领域进发。在努力协助索尔克挽救生命一年之后的 1944 年，开利公司在俄亥俄州辛辛那提的基督医院的设备实验室和昆虫馆都安装了他们公司的设备。那里的研究者在试验治疗疟疾。要想成功地饲养蚊子，温度和湿度的控制是最重要的因素。几年之后，开利公司的工程师们前往意大利罗马，在帕尔玛实验室（美国施贵宝医药公司的附属机构）安装了一台离心式冷却器。开利公司的设备为神奇药物青霉素和链霉素（治疗肺结核的抗生素）的生产提供了温度控制和无菌条件。

如果没有开利和莱尔对私人利润的追求，这些带来巨大公众利益的医学突破都不会成为可能。他们向朋友和邻居借钱并销售股票，开利甚至为了获得现金而注册了牙医，这才在 1915 年建立和运营起了开利工程公司。开利、莱尔和 5 位创始工程师一起募集了 32 600 美元的启动资金。

致力于调节温度的 7 位重要人物在经济大萧条和世界大战的混乱中积极募集并顶着风险投入资金。他们建不起自己的工厂，但不放过任何一个定制零件的地方，并且如果有需要，这群兴高采烈的温度调节者的领导者也会自掏腰包支付工人的薪水。就商业上的成功而言，开利公司的天才创造力是必要但远远不够的，在公司初创的日子里，莱尔创造性的人际网络和推广活动至关重要。到了 1927 年，他们已经将启动资金变成了 135 万美元的生意。（如今，开利工程公司已经是一个价值 135 亿美元的公司。）财富不是从天而降的，开利和莱尔鼓励公司的员工努力工作，他们自己更是如此。

公司的创始人从农场男孩变成了商业巨头。他们有伟大的梦想，有工程技术，用聪明才智为人们的愿望和需要创造产品并实现服务的承诺——这些甚至连消费者自己都不知道呢。

重塑美国风景

开利在商业上取得的成功使他的空调系统被广泛运用于银行、酒店、百货商场、办公大楼、摩天大厦、火车、飞机、轮船和汽车。开利和莱尔不仅改变了企业制造产品或提供服务的方式，也改变了美国人的工作环境，直接引领了美国人居住环境和工作时长的历史性转变。开利公司的温度调节装置使得居住在环境令人窒息的佛罗里达州、得克萨斯州或南方阳光地带成为可能，甚至是愉悦的事情。公司的管理者已经进军美国南方的电影院了。

不幸的是，成功地驾驭了天气无意中也使得华盛顿全年都更加需要对温度进行调节。开利和莱尔获得了为美国国会山安装空调的重要合同（众议院在 1928 年安装了空调，参议院是 1929 年）。结果，政府的业务成了一项固定业务。这个消息对于那些满身大汗到处吹牛的人来说是好消息，但对于纳税人而言就没有那么好了。华盛顿的官员和政客们原先在 3 月就会放弃待在闷热的国会“沼泽地”之中，而现在他们可以全年待在舒适的办公室里设计层出不穷的新方法来阻碍企业的进步。

20 世纪 30 年代，开利公司的窗式空调遍及整个美国，从最高法院的大楼到位于巴吞鲁日的路易斯安那州立大学，到亚利桑那州凤凰城的多层办公大楼，再到洛杉矶的加州银行。和欧文·莱尔看法一样，开利公司的工程师I·H·哈德曼认为空调在南方腹地的商业前景更好。除了烟草，南方的纺织厂也被认为是开利公司产品的大好市场。

开利和莱尔组建了一个非凡的工业家族，有思想家、实干家和制造者。他们把看似普通的空气、蒸汽和水变成一项数十亿美元的产业。他们肩负多重任务，他们是科学研究人员，同时也是实际建设者和冒险家。他们开办了工作坊，也开办了培训和测试机构（开利大学），还建立了经销商。威利斯·开利掌握了温度调节理论。欧文·莱尔掌握了空调系统的标准化。他们的实践和销售将他们带入一条所有厂商都致力于提供最高质量的商品和服务的轨道上。

莱尔在 1942 年还担任开利公司的总裁和董事，之后不久他便死于一场疾病。开利还在继续工作，提高自己的设计与产品，直到 1948 年因为心脏病突发不得已才退休。他在 74 岁生日前两天去世。工程师爱德华·T·墨菲是开利公司的 7 位重要人物之一，将自己的毕生积蓄和一生的精力都献给了公司，使其腾飞，亦团结起威利斯·开利、欧文·莱尔和制冷技术的奠基者们的力量，一起度过那些好与不好的时光：

我们对自己的企业充满信心和热情，忠诚于彼此以及共同的事业。

我们有勇气和远见抓住每一个出现的机会。

我们在错综复杂的各个阶段互相扶持。

我们有优越的产品以及完美的工艺方法。

我们对自己的产品、工艺以及财务都秉持高标准的正直原则。

似乎这就是我们团队的命运。或许是因为我们选择了一项真正可以提升人类健康和生活质量的事业。

这种创新精神贯穿于我们呼吸的空气、我们穿的衣服、我们吃的食物中，可以延长和改善我们的生活以及我们生活、出行、工作和休闲的空间。

开利创建公司的座右铭不仅仅是对客户的承诺，也是工程师乐观主义精神的一种反映。这些富有创新精神的风险承担者尽一切力量致力于：

“每一天都是美好的一天。”

第 3 章

美国著名筑桥家族罗布林：一生奉献给一座桥

敬爱的读者，如果你正在寻找他的纪念碑，就看看周围吧。

——在圣保罗大教堂的穹顶之下，
著名建筑师克里斯托弗·雷恩的坟墓上刻着拉丁语碑文

你尝试过用吃雪糕剩下的木棍搭桥吗？只需要 100 根左右这样的细木棍、一瓶胶水以及合乎力学原理的设计，你就能搭出一座 20 英尺长、足以承受住 200 磅重量的桥来！我小学时试过搭这种桥，可惜结果有些不尽如人意，最后做出来的成品是一堆黏糊糊的断裂的木棍。我很清楚自己失败的原因：做事不细致，又极度缺乏耐心。

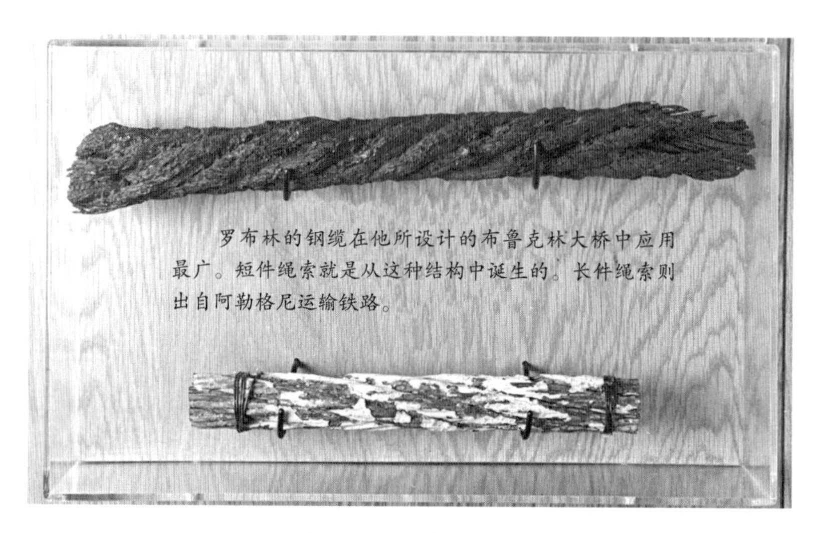

图由国家公园管理局提供

从孩提时代起，我就很喜欢桥梁建筑。这种热爱从未止息。只要你愿意观察、倾听，就会发现在美国这片土地上有着不计其数的关于勇气的故事。旧金山宏伟的金门大桥于2012年迎来竣工75周年纪念；纽约的乔治华盛顿大桥于2011年迎来了80周年纪念；2013年，久负盛名的布鲁克林大桥已建成130年；2014年，位于俄亥俄河上的温顿辛辛那提悬索桥在风雨中走过了148个年头。

这些大桥是由谁建造的呢？答案不是政府、工会，也不是为公共建设工程奔走的组织，而是三个为爱奋斗的人，他们来自历史上同一个赫赫有名的家族。

第一个故事的主人公是爱国主义者约翰安（约翰）·奥古斯

图斯·罗布林，他心系美国的独立和自由企业，一生都在为美国的工业化进程做着不屈不挠的探索。

第二个故事的主人公是忠诚的华盛顿·奥古斯图斯·罗布林，他谨记父亲的嘱托，投身到家族的事业中。

第三个故事是充满激情的埃米莉·沃伦·罗布林的故事，她深爱着自己的丈夫，终身都在不断地学习，恪尽一个公民的责任。

罗布林家族留给世人最大的遗赠就是富有革新性的钢缆。约翰·罗布林是这项专利的发明者。它不但可以用于悬索桥的建造，也可以广泛地应用于电梯、电报、电话、缆车、飞机、电力、采矿以及采油。在罗布林家族发明钢缆之前，制绳是一个既耗时又无聊的工作，工人在工作时往往需要倒退着走好几英里。

是什么促使罗布林家族的先辈离开德国的故土，前往美国寻找机会，实现自己的企业雄心？同样的一个目标让开国之父们备受激励，勇往直前：

> 在一片崭新的大陆上创造出优于以往的新事物，最终永垂青史。

制绳史概述

拉美西斯二世之子卡爱姆华塞特王子的陵墓建造者在陵墓

里留下了一处生动的象形文字。如果要为它拟一个标题，那么“像埃及人一样拧绳子”实在是恰如其分。画面描绘了两个面对面远远站着的人，他们手中各握着一根扭曲的绳子的一头，还有一个人站在他们二人之间进行指挥。在其他古埃及陵墓里，也有类似的画面，制绳工将绳子绑在腰上，手上拿着石头，旋转接头和锭子等工具。

《圣经》中有很多涉及绳子的篇章。《传道书》第 4 章第 12 节，不管是从字面上还是从象征意义的层面上，都向人们宣扬了三股绳的力量：“有人攻胜孤身一人，若有二人便能抵挡他；三股合成的绳子不容易折断。”中国的能工巧匠能以竹子为原材料做绳索，长江上的纤夫就是使用这种绳索拖着船前行的。此外，他们还用这种绳索建成了世界上第一座悬索桥。秘鲁人制绳的原材料是一种叫作高香蒲的芦苇；波利尼西亚人则从椰子的外皮中获得制绳的纤维。在中世纪，有秘密行动的行会专门保护制绳这项工艺，行会还会培训初学者用亚麻和大麻类植物学习制作绳索。

早在美国建国之初，开国元勋们就非常重视美国本土的大麻和亚麻的产量。在建国之父拿上好的纸卷大麻烟卷的画面变魔术似的出现在你脑海中之前，请注意：工业大麻和大麻毒品绝对不是一回事，工业大麻中的THC（药物中会影响精神活动的成分）的含量几乎可以忽略不计。弗吉尼亚州的殖民者要求每户人家都要种植 100 棵可以作为绳索原料的植物，统治者自己则会种上 5 000 棵。

制绳和其他种类的海运贸易在波士顿及另外一些港口城市渐渐兴盛起来。在纽约的巴克利大街和公园广场之间的百老汇大街甚至还有一间制绳作坊。本杰明·富兰克林在他 1747 年所做的战斗号召——《完全真相》（*Plain Truth*）中用绳索作为比喻，向殖民地的人们展示了工业之于每日生活的不可或缺之处："现在的我们好似一股股散乱的亚麻，还没拧成一根绳索，因为彼此间没有团结起来，所以毫无力量可言。团结会让我们拥有力量。"

普雷茅斯绳索公司声称制绳的历史可以回溯至 1641 年或 1642 年的波士顿。当时波士顿的执政者力邀英国的制绳工匠约翰·哈里森来美国创业，并声称他可以垄断当地市场。直到哈里森去世之后，他的竞争者们的事业才渐渐兴盛起来。

为了保证各项工艺的顺利进展，"制绳厂"一般建造在郊区、靠近船坞的地方。厂内有一些砖墙建筑和看上去不怎么整洁的道路，这些道路有的长达 1 500 英尺。厂内的长度很重要。因为要将纤维纺成线，再将线拧成绳，将绳拧成最终的绳索等一系列工序都需要在一条直线上进行。要制成一条长约 600 英尺的绳索需要在长达 1 000 英尺的道路上完成。到了 18 世纪末期，波士顿共有 14 个大型制绳厂；到了 1810 年，从缅因州到肯塔基州，有 173 个营业的制绳作坊。

制作完成的绳索需要浸泡在装满煮沸柏油的大桶里。柏油提取自柏树，有防腐蚀和防水的作用。在好几个世纪里，欧洲人沿袭了手工匠人的工艺，一直沿用这种传统的制绳方法。当美国国内的亚麻产量不足时，美国人从菲律宾进口马尼拉麻，还从非洲和巴西进口剑麻。

早期的美国制绳工匠效仿古埃及人的做法，两人或者三人为一组，一起拧绳、盘绕，最终完成全部工序。亨利·沃兹沃斯·朗费罗的代表作《制绳厂》通过一个做白日梦的制绳工的视角，描述了这项工作的枯燥。这首诗稍显世俗，但意义非凡，描述了“美丽的制绳女工”、农场里“从井里打水”的女人、撞钟人以及水手和其他一些人的日常生活：

> 一个男孩，正是上学的年纪，
> 他的风筝在天空中闪闪发光，
> 他仰视着天空，眼里满是期待；
> 骏马从道路和田间疾驰而过；
> 花儿含苞待放；
> 小溪旁有一个垂钓者……
> ……一幕幕场景映入我的眼帘，
> 许多难以诉说，

那狭长而低矮的建筑，

是我的目光所不能及之处；

制绳的轮子一圈圈地转动，

发出让人昏昏欲睡的声响，

工匠们后退的步伐不曾止息。

典型的制绳厂，工人按如下方式工作：

在狭长的工房里，一个工人负责旋转亚麻，缓慢地后退。亚麻的一端系在一个旋转的钩子上，由一个学徒控制曲柄。制绳工的腰上缠绕着一捆理顺的亚麻，他腰间的亚麻是制绳工序的原料。在他身旁，两个男人将两根亚麻细绳拧成一条双股细绳。其中一个男人旋转着一个控制钩子转动方向的曲柄，让绳子成型。另外一个男人将绳子穿过两个螺旋形的沟槽，然后嵌入一个子弹头形状的木制挡板里。

另外一组工人站在工房的另一头，将钩子上挂着的三股绳子拧成一股。要想制成一根像足球场那么长的绳子，制绳工需要倒退好几英里。一些原本需要手工完成的工作逐渐被马或者水力所取代。但是行会的工人“拒绝聘用任何没有在行业内有过学徒经验的人，此外，对于机器的引入，他们也持强烈的拒绝态度”。最终，技术上的创新战胜了其反对者。在18世纪90

年代中期，乔治·帕金森和约翰·皮特曼申请了美国第一项机器制绳的专利。

这是历史的一大进步，因为这项专利取代了需要直着身子、不停转动工具的工人，仅需几英寸的空间就可以制造出几千英寸长的绳子。在工业时代的曙光来临之初，亚麻依然是美国最重要的制绳原料。19 世纪 50 年代，肯塔基州的亚麻产量位居全美国之首，年产量高达 40 000 吨，然而亚麻绳索的造价不菲而且使用寿命并不长。除非在柏油中浸泡过，增加了防水的性能，否则一般情况下，亚麻绳索在潮湿的环境里极易被腐蚀。此外，亚麻绳更致命的一个缺陷在于，在吊起运用于日益蓬勃发展的铁路、海运、采矿、采油以及工程作业中的机器时，绳索会因承受不住自身的重量而断裂。

不满于现状——为了谋求人类的进步而不断努力——激励着一位富于想象且心灵手巧的德国移民，他渴望黄金时机的到来，渴望借此机会开创一番事业。

"一片远离专制的新大陆"

米尔豪森是一座让人难忘的带有城墙的城市，位于德国中部地区。市内的建筑以中世纪半木制的房子为主，还保留了将近 12 座带塔楼的哥特式教堂。米尔豪森之前属普鲁士帝国。约翰·塞巴斯蒂安·巴赫 23 岁时在米尔豪森有过短暂的停留，他担任过风琴手一职，为一场地方音乐庆典创作了他人生的第一部清唱剧。1806 年，拿破仑率领的军队攻占了整座城市，克里斯托夫（波利卡普）和弗雷德里克·罗布林的儿子约翰·奥古斯图斯在这个时候来到了这个世界。他是四个孩子中年纪最小的，也是最聪颖的。或许是因为米尔豪森与巴赫的特殊关联，小罗布林开始学习钢琴和长笛。他童年的大部分时间都沉浸在搭建玩具塔和在素描纸上用复杂难懂的笔法描绘家乡的景色中。

作为中产阶级的罗布林家族，在这座“灵感之城”的生活可谓舒适安逸。父亲波利卡普经营着一间小小的烟草铺子，以此来维持一家人的生活。他是一个随遇而安的商人，从不会在工作上花费不必要的力气，家族里的人都管他叫“怪人”。母亲弗雷德里克却恰恰相反，她是一个天生积极寻求改变的人，是这个家族里的主心骨——她“指导家里每个人干活，还要兼顾好家中的大小事务、生意上的事以及她在城中需要管理的地区”。她对自己这个有生意头脑，同时颇具数学和艺术天赋的孩子期望很高。在小罗布林 15 岁时，母亲用节省下来的钱将他送出去求学，师从当时埃尔福特和柏林的著名学者。在教授们的指导下，罗布林对代数、几何、农业、桥梁建筑以及水力学等产生了浓厚的兴趣。在一次由学校组织的去班贝格的旅行中，一座悬索桥让他深深着迷，他的人生从此与桥梁结下了不解之缘。年轻的罗布林手捧着笔记本，蹲坐在雷格尼茨河边，用手中的铅笔速写下这座“魔力之桥”上的铁索、石塔以及其他一些宏伟之景。

后来，罗布林获得了测量员的资格证。1825 年，他在威斯特伐利亚的一个军用道路工程项目中工作。成为一名政府工程师的目标进展得十分顺利，但专制统治让这个天赋异禀又颇具远见卓识的年轻人苦恼不已。他既不能做任何决定，也不能擅自采取行动。罗布林认识到：“政府议员、部长以及其他官员对这项工程进行长达 10 年之久的商讨，在来往书信上花费了大量的金钱，并对此进行大肆报道，费时费力又费钱，还花了 10 年的时间反复估算复利，若不是这样，这项工程还是有可能完成的。”

当时的政府否决了他的两个关于新建全新悬索桥的提案。比起创新，政府更愿意墨守成规。正如他的儿子华盛顿后来的回忆，罗布林当时面临着一次重要的人生选择：

> 他应该继续留在祖国，囿于当局的严格规定，永远唯唯诺诺，没有机会一展宏图大志？还是应该趁着自己正值壮年，去一片全新的土地开创未来，远离专制，自由自在地生活？

在那时，美国是年轻人的心之所向，直到现在，这一点依然没有改变。罗布林的这一决定在家乡引起了轩然大波，人们还特意为此召开了一次会议，争议不断。这之后，时年 25 岁、对未来满怀憧憬的罗布林以及他 27 岁的哥哥卡尔，还有其他 90 多名乘客一起，于 1831 年 5 月，踏上了前往美国大陆的旅程。他们所乘坐的是一艘美国制造的轮船“八月爱德华”号。这艘船上最小的乘客只有 1 岁，最大的已经 65 岁，其中包括 25 个未满 18 岁的孩子。所有这些来自德国的移民都在这次为期 78 天的航海旅程中活了下来，除了一个 1 岁的女童，她不幸染上了风寒和痢疾。船上的人以一个盒子作为她的棺椁，绑上铁块，将她葬入大海。海面波涛汹涌时，船员会给乘客一些加了酒的汤和混着糖和酒精的苏打水，帮助他们减轻晕船带来的不适。当海面平静时，罗布林就会吹奏长笛、唱民歌、阅读诗歌和科学类的书籍来消磨时光。他在日记中写下了自己的愿望和“在海平面以西的那片大陆上开始一段新生活，那里是一片全新的土地，远离专制……他受坚定的信念和积极的动机所指引，而非一时兴起”的梦想。

虽然罗布林购买的是头等舱的船票，可他对船上那些只付得起最低票价舱位船票的穷苦乘客怀着无限的同情。他们睡在夹板下的船舱里，每个隔间里有两张上下铺。在一个风平浪静的夜晚，船上的大副冷酷地下令要盖紧所有的舱口盖，罗布林站出来坚决抗议。下雨的时候，他帮助睡在末等舱的乘客搭建了一个“木头斜顶”，既能保护他们免受雨水的侵袭，又能保证空气流通。罗布林还帮助乘客在甲板上搭建了一些更安全也更人性化的设施，大大降低了末等舱乘客站在船首舒展筋骨时被意外抛入海中的可能性。当船长不顾众人抗议，妄图限制末等舱的乘客的活动范围时，罗布林成功地阻止了船长的这一决定。在他的日记里，颇具商业头脑的罗布林渐渐认识到，避免这样的冲突的最好办法，是签订一份条例清晰、内容全面的合同，将一切重要条款及细枝末节的注意事项都包括在内。这样可以防患于未然。

罗布林花费了大部分时间来潜心钻研航海设备、天气以及日复一日的实验。当这次航海之旅开始变得枯燥无味的时候，他把思绪投向此行的目的地。罗布林热切地期盼着能在美国独立纪念日之际踏上这片新大陆。可是距离看到海岸线还有至少一个月。在 1831 年 6 月的第一个星期，罗布林在日记中这样写道：

> 我坚信，我们能顺利抵达美国，并且能在 7 月 4 日这一天和那里自由的人们一起庆祝独立纪念日。这一天对于所有向往自由的人来说，都是一件大事。在这一天，1 400 万自由的公民将感恩现在自由而舒适的生活，感恩他们那勇敢的先驱，感恩在杰出而睿智的华盛顿的指引下，毅然远离了那专制故土的束缚。我们都满怀期待，希望能准时参加庆典。

一个月以后，他感叹道：

> 7月4日，是美国宣布独立的55周年纪念日。大家都很遗憾，只能在想象中庆祝。我们满心期待着能够和美国的自由公民们一起庆祝这个纪念日，结果这个愿望却落空了。

不过，罗布林很快迎来了他自己的独立日。1831年8月8日，“八月爱德华”号终于抵达特拉华湾：

> 距离上次看到陆地和植物已经不知时隔多久。除了天空和海水，10个星期以来，出现在我们视线里的东西是如此单调。远处的海岸线让所有人都欢呼期待起来。对我们而言，那是一片如母亲一般的新世界。

在拉扎里托的检疫所，移民被强制进行了健康检查。在这里，感染了传染性疾病的乘客将被遣返回国。接着又航行了最后的8英里，航船到达费城。经过两个星期的考量，罗布林和他的同伙决定将费城作为他们的大本营。在这里，民众所呈现出来的“公德心”让他很惊奇，他很快就发现了这一点。此外，美国人建设这座以兄弟般友爱著称的城市的速度之快，也让他感到惊讶。他很想向依然留在德国的朋友展示美国人的精神状态。这全都得益于宽松的政治体制，人们可以自由地追求自己最大化的、最切身的利益。和故乡普鲁士以政府为中心的自上而下的独裁专制统治相比，美国的民主和自治显然更合罗布林的心意，他很快就融入新环境之中。

> 无能的政府和尸位素餐的政府公职人员对德国的每一股进步力量都严加打压，设置了无尽的障碍和限制。然而美国是一块与之截然不同的大陆。从美国以外的地方来到这里的人们，一定会为这里的人们的“公德心”而感到震惊：每一天都有新的进步。
>
> 各行各业都在人们的团结努力下如火如荼地发展着。人们的首要目标很纯粹，那就是挣钱；不仅如此，美国人还秉承着高尚而仁慈的公德心投入公共机构的建设中……
>
> 现在可能有人会问，那时贸易上的往来和沟通是如何进行的呢？在这片之前只有印第安人生活的蛮荒土地上，蒸汽船、邮轮、高速公路、铁路、蒸汽机车和运河又是如何在短时间内如雨后春笋般冒出来的？部分原因可以归结为这里得天独厚的地理位置，以及多种多样的资源，但最重要的是，这里的人们开化自治，齐心协力。

罗布林和哥哥到达美国有一段时间以后，他们才得知母亲去世的噩耗。他们的母亲对于两个儿子的决定在精神上给予了极大的支持，可她在两兄弟离开德国后不久就染上流行的霍乱离世了。即便如此，他们也不会选择再回头。约翰·罗布林身处的这片土地，正是他的母亲牺牲了一切，为他争取而来的——这是一块自由的新大陆，这里的人们勤劳勇敢，有着白手起家的信念。

“上帝是仁慈的”：从失败的农民到美国著名工程师

虽然接受过传统教育，有过测量员的工作经验，并且对桥梁建造满怀热情，但约翰·罗布林在美国只能以农民的身份开启新的生活。他、他的哥哥和另一个米尔豪森家庭一起，乘坐四轮马车翻越阿巴拉契亚山脉，前往西部的宾夕法尼亚。他们希望为后继的对未来满怀希望的德国移民建立一个“尘世的天堂”。罗布林的选择并非偶然之举，而是认真地研究和预测了工业化进程后的结果。当地盛产木材、铁矿、羊毛、棉花。此外，生活在那里的人们能获得最大程度上的自由。罗布林在日记中写道，他坚决反对奴隶制，他拒绝考虑去南部地区，因为那里的黑人受到极其不公平的待遇。他和后续的移民“都自觉地避开了南部地区，因为那众所周知的奴隶剥削制度”。罗布林强调，“奴隶制对于人与人之间的交往以及文明和工业化的进程都形成了阻碍”。他表达了自身希望废除奴隶制度的期望，希望能够“建立一个奴隶可重获自由的州。这个地方最好有条件能够和东海岸便捷地往来，因为东部地区是美国的文化重镇。同时，这个地方最好又能够和西部的主要市场有贸易上的往来”。作为一个满怀希望的追梦人，罗布林在1831年12月给家乡的亲人写了一封热情洋溢的信：

> 我们现在生活得很自由……我们所居住的地方景色优美。只要肯出力干活，任何人都能养活自己。我们生活的地区是美国最先进的地区之一，附近有一个集市，规模逐年递增。在那里，我们可以毫不费力地把农副产品变现，还有什么好奢求的呢？

答案是更多的同伴。罗布林热情地游说他的家人以及家乡的乡亲们到美国来。接下来的那个春天，他不断地向还在德国的朋友详细报道颇有预见性的见闻。他在向家乡人证明，自己的决定是正确的，这一举动让人印象深刻：

> 这些看法是切实的，即便在今天看来也是：美国人现在是世界上最有进取心的人民，在不久的将来，他们一定会变得最有威望，也最富有。

充满理想主义的罗布林兄弟给他们即将开始生活的村落起了一个昵称：“沙森堡”。1836年，约翰娶了村子里裁缝的女儿约翰娜·赫特为妻。尽管对干农活毫无经验，两兄弟还是买来了牛羊和犁，盖好了木房子，还开始种庄稼。不过，比起干这些农活，约翰还是更擅长建造东西。当所有的投资付诸东流之后，他转而开始养殖金丝雀。后来还尝试过养蚕、染布和榨菜籽油。当这一切都以失败告终之后，他又花了 6 年投身到繁重的农活当中。这期间他一直在思考。最终，他做出了一个决定，要不惜一切代价追逐他毕生的愿望：工程建造。

失败没有磨灭这位先锋的斗志，反而让他更有动力。“如果一个计划行不通，换种方式总能成。”他坚定地说，并不懈地努力着。

1837 年对于罗布林来说是人生中充满转折的一年。他的妻子生下了他们的第一个孩子华盛顿 · 奥古斯图斯。在这之后，他们又有 8 个孩子陆续降生。他的哥哥卡尔在做农活的时候突发心脏病身亡。也正是在这一年，约翰 · 罗布林为自己已经变成了一个彻头彻尾的美国人而感到非常骄傲，将名字从 Johann 改为 John。他积极地想要融入美国社会，开始学习美国历史和英语。为即将开启的新世界的旅程做准备，这两样是想要取得成功的关键。当时全世界都面临银行危机和经济萧条，人们对于开启新事业持怀疑态度，但罗布林又一次选择了勇往直前。他阅读了很多科学技术杂志，重拾速写本，做好了重新开始发明创造的准备。罗布林来到了水运便利的费城，发明了一种可供蒸汽船使用的蒸汽机，还为蒸汽机所需的燃料创建了一个安全检测标准。随着 1825 年伊利运河的初步竣工，宾夕法尼亚州的运河和铁路建设如雨后春笋一般如火如荼地展开，创造了大量的就业机会。罗布林四处寻找工作机会，他在比弗河上建过大坝，在克罗顿河的引水渠上做过液压设备建造的技术顾问，在匹兹堡和哈里斯堡亲自敲门自我推荐。

当他找不到工作的时候，他就继续在学术上深造，同时醉心于专利草图的绘制，这其中还包括一辆蒸汽摩托车的绘制图纸。渐渐地，越来越多的人知道了这个聪明又富有创造力的年轻人。罗布林开始扩展自己的社交面，努力提升自己的英语水平，并着力于提高自身的名气。他在《美国铁路杂志》上发表了一篇关于贮液器的论文，还在《富兰克林学会杂志》上发表了一篇内容为液压设备的文章。《富兰克林学会杂志》的主编托马斯·琼斯博士是一位物理学家、工程师，同时也是美国专利局的专利鉴定员，他后来成为罗布林的专利顾问。

1840 年，罗布林在《美国铁路杂志》上读到了工程师查尔斯·埃利特发表的一篇关于悬索桥的论文，他马上与查尔斯取得联系。这位出生于德国的工程师向这位来自法国的桥梁建造专家提出了自己的建议，却遭到对方的拒绝。两年以后，当罗布林和另一位工程师合作，拿下建造美国第一座横跨斯库基尔河（位于宾夕法尼亚州的费尔蒙特）的悬索桥的合同时，埃利特从中作梗，竭力游说政府部门中止了这次合作。埃利特是一个既爱表现，又热衷于追名逐利的人，他的傲慢自大没过多久就让他吃到了苦头。

罗布林虽然很失落，但他并没有因此放弃，而是在宾夕法尼亚运河上找了一份工作，负责为一条穿越阿勒格尼山脉的铁路进行勘测。在这里，他的所见所闻改变了他的一生，也永远地改变了工业历史和美国的工业化进程。

工作的时候，罗布林目睹了几起工人在倾斜的山坡上试图托举起搬运车时发生的意外。

工人试图用 9 英尺长的麻绳托举起一个类似于现代滑雪升降机的装置。当脆弱的麻绳经磨损后断裂时，搬运车就会飞速滑落。在一起事故中，两个站在绳索下端的工人因为一辆汽车和一艘运河货船的滑落而意外身亡。德国北部的哈茨山脉是一个银、锡、铅和铜的储量都十分丰富的地方。采矿工程师威廉·艾伯特在 19 世纪 30 年代曾经实验过用手工编造的钢缆来代替脆弱的麻绳。他尝试了很多年，试图将这种钢索进行商业化生产，结果却以失败告终。伦敦的英国发明家安德鲁·史密斯和罗伯特·纽沃尔也分别尝试过钢缆的设计和机械化生产。

基于自身扎实的理论知识，以及在德国和美国吸取的实际经验，罗布林成为美国第一个尝试制造缆绳的工程师。起初，他雇用工人手工制造钢缆。这些来自沙森堡的工人中有上了年纪的制绳工和他们的儿子，还有罗布林的邻居和朋友，他们沿袭埃及古法，用传统的制绳手艺制造钢缆。

罗布林的儿子华盛顿后来回忆起他们“在附近招募”这些工人的往事，罗布林家族在艰苦的日常工作中关怀体恤工人：

> 我的母亲负责给工人做饭。夏天的时候，工人早上5点开工，早上6点半吃早饭。我给他们送去一篮子黑面包和威士忌。中午12点，我吹响号角，招呼他们吃午饭。下午4点，我又会送去一篮子配着黄油的黑面包和更多的威士忌。晚上7点，工人吃晚饭。

这些工人中有农民、小店主、织工、鞋匠，以及其他来自各行各业的人。这些人都激情满满、满怀希望地想要通过自己艰苦卓绝的工作帮助罗布林实现他的美国梦。华盛顿没过多久就和所有制绳工和纺织工打成一片，他深情地回忆起童年的这段时光：

> 工序中的一个流程增进了我和这些背景简单的工人的感情。在制造钢缆的过程中，首先要造出7股钢索，这道工序只需要一个工人就可以完成。然而当7股钢索造好后，要把它们拧成一根钢缆，就需要20个工人花上1~2天的时间。这道工序需要集结所有人的力量，而我就负责跑来跑去给他们传话。

罗布林的铁丝从工业先驱罗伯特·汤森处采购。汤森于

1816 年在阿勒格尼山脉西部开办了第一家铁丝工厂，他的先辈在 1682 年随威廉 · 佩恩乘坐“欢迎”号从英格兰航行至美国。16 岁，汤森从巴尔的铁丝工匠休 · 鲍尔德斯顿那里学习铁丝制造技术及交易手段。后来，他来到匹兹堡，并在比弗河畔开了一家部分靠水力运转的工厂。汤森公司除了为罗布林的早期实验和工程提供铁丝外，还生产铆钉、钉子、纽扣以及电报线。随着罗布林获得更多的工程项目，塞缪尔 · 威克沙姆在匹兹堡的电线厂也为其提供铁丝。与此同时，斯莱戈钢铁厂的产量也日益提升——铁水铸成的铸块（后来用钢水）在两个旋转的圆柱之间于高温下加热，铁丝就制成了。

这些来自沙森堡的工人把钢缆摆在农场后面长达 2 500 英尺的牧场上。罗布林设计了一个带有沟槽的铁盖子。两个壮汉用一根横木抬着它，以构成一条 19 股的钢缆。在牧场尽头，两个人操纵一个简单的捻线机、正齿轮、小齿轮和曲柄。在对面，另一个沉重的机器使钢缆停止缠绕，以便工人剪断钢缆，并在其末端打结，完成整个制造工序。制作一股 1 000 英尺长的缆绳需要至少一天时间，7 股缆绳构成一捆。制绳工人在需要休息时，用旗子在牧场上做记号。做好的缆绳通过一个高绞架上的绞盘被装在一辆 4 匹马拉的四轮马车上。在 10 英里外的宾夕法尼亚州的弗里波特，钢缆被转运到运河的船上，卖到东部地区。

罗布林很快就意识到，他的绳索革新的商业潜力和实现4个儿子（华盛顿、费迪南、查尔斯、埃德蒙）的家族企业的希望。他凭借“制造钢缆的新技术并实现机器生产”，于1842年7月获得美国2720A号专利。通过这个专利，罗布林展现了其通过在缆绳各部分维持均衡的拉力旋转绳索的计划。他概述了另一个在使用退火钢索式旋转接头时防止纤维缠绕的改进措施，同时也描述了他的绕线机是如何通过用涂了油脂的绝缘线缠绕钢索，以增加其硬度的。罗布林提交了一个用黄铜和木头制作的绕线机专利模型，作为申请的一部分。（这一模型如今收藏于史密森尼美国历史博物馆。）罗布林生活节俭，具有金融天赋，他公司的运转资金源于储备，而非借贷。他的一些新客户以股票的形式支付，于是他很快就有了一套可以赢利的证券投资组合。无烟煤领域的采煤公司争相采购这种结实的钢缆。罗布林继续改善他的钢缆工序，并且在1855年设计出一个垂直的绕绳机，缩短了制绳所需的空间，并且实现了在一条核心绳上缠绕19股钢索的程序自动化。

内心强大并且好斗的人喜欢竞争并且力求完美。罗布林积极提升他的技术，并且在公开信和杂志中分享自己在工程学上的见解。麻绳业猛烈地抵制他，但是罗布林在他谈及的领域投入金钱并施加他的影响力，他说服宾夕法尼亚州运河委员会允许他自费设置了一个600英尺的缆绳测试装置。詹姆斯·波茨是宾夕法尼亚运河和阿勒格尼铁路运输的收费员，也是罗布林的朋友，他后来详细叙述了导致缆绳不合格的无耻的破坏行为，并预言罗布林将来会设计出更多世界著名的桥梁。直到今天，这些大桥依然巍然耸立：

> 匹兹堡的麻绳制造者仗着背后有强有力的势力撑腰，强烈抵制钢缆进入市场。就连当时公路的负责人和雇员也参与到这次抵制行动中来。假如钢缆取得胜利，那么它将取代利润丰厚的麻绳制造业。然而，测试最终还是进行了。

过程进展得并不是那么顺利。罗布林那些卑鄙的反对者从中作梗。罗布林发现有人故意切断了钢缆，破坏了最终的测试结果。波茨回忆起罗布林看到一片狼藉的现场时失落的神情：

> 罗布林发现自己的钢缆散落在测试平台上，被人破坏得不轻。他来到了收费员办公室，要求和我在客厅里见上一面。他声泪俱下地倾诉，看上去是那样痛苦，他的人生受到了重创。事业就是他的生命，想要获得名利的希望似乎永远地幻灭了。

波茨感到罗布林已然意识到自己所面临的贸易保护的阴谋：

> 他的钢缆被宾夕法尼亚州的地方保护协会破坏，之所以被损毁，不是因为其毫无用处，而恰恰是因为其功能远超过麻绳。

罗布林请求波茨和运河委员会主席约翰·巴特勒再给他一次机会。

“罗布林，你对自己的缆绳有信心吗？”巴特勒问道。“绝对有信心，长官。”罗布林毫不含糊地答道。

巴特勒给了罗布林一次重建平台的机会，并且告诉他，假如他的缆绳真的性能优良，那么他会将其应用于“所有道路上，我只能帮你到这里了”。

波茨回忆起罗布林当时的反应：

> ……两行热泪从他的脸颊滑落，他只说了一句：“上帝是仁慈的！”
>
> 我永远也不会忘记他的这句回答。他向巴特勒表示了由衷的感谢，然后带着一颗轻快的心离开了。巴特勒的话给了他莫大的鼓舞。平台得到重建，并做好了迎接春季交易的准备。罗布林的钢缆显示出了优越的性能。

在一位老友——铁索供应商罗伯特·汤森的鼓舞下，罗布林投下了一个项目，负责运转日益恶化的匹兹堡引水渠的重修工作。他还一举拿下了另一份合同，负责建造一座长 1 100 英尺的钢缆悬索桥，横跨阿勒格尼河和匹兹堡的主运河。罗布林的建造才能卓越且灵感颇丰。匹兹堡悬索桥于 1845 年春正式竣工。桥身共分 7 段，每段长 163 英尺，均有盛水的木头装置，两侧都用直径达 7 英尺的坚固耐用的钢缆固定。

罗布林从来不把他在美国获得的这些事业上的机会当作理所应当的事。他的儿子华盛顿写道：

> 我的父亲说起匹兹堡悬索桥时总是对我说，他在普鲁士绝对建造不了这样的工程。
>
> 即便是身为一个建造出了这样史无前例工程的年轻工程师，当时的罗布林依然保持低调。

《匹兹堡日报》对这个“伟大的建筑”予以高度赞扬，并且称赞罗布林“建造了一个可以给他带来高名声和丰厚金钱回报的工程”。这项工程为他后来建造悬索桥工程提供了宝贵的经验——从制造钢缆到设计，再到建造悬索设备、桥体支撑部件和钢缆固定技术。第二年，罗布林设计并建造了匹兹堡以坚固而闻名于世的莫农加希拉河上的悬索桥。它分为 8 段，每段长 188 英尺，并且由两根 4.5 英尺的钢缆支撑，由平底船托到指定位置。

罗布林没有因蓄意破坏事件而一蹶不振。宾夕法尼亚州的那次人生意外让他倍感振奋，他朝着自己的梦想稳步迈进。

特伦顿制造，全世界都需要

随着渡槽、桥梁施工工程和运输成本的上升，签订的新合同也越来越多。罗布林开始实行另一个大胆的战略性计划：1849年，他把家庭和企业从沙森堡搬到了新泽西州的特伦顿。

另一位重要的创新者彼得·库珀鼓励罗布林搬迁。库珀是著名的企业家和发明家，他设计了著名的“大拇指汤姆”机车，经营一家胶厂，拥有明胶生产工艺的专利（这对生产果冻有很大促进作用），还拥有一家正在发展中的位于教友派占主流的特伦顿的铸铁厂。这座城市有一半在纽约和费城之间，经过特拉华河，拥有大量的航运设施。库珀利用河流作为水力来源，利用运河系统将铁矿石从他位于马里兰的矿山运到新泽西，将宾夕法尼亚州运来的煤作为锻造燃料。罗布林购买了邻近库珀的特伦顿校区的地产。这给工程师提供了一个固定而又方便的钢缆生产来源，也给折中主义实业家提供了一个重要的客户。

后来，罗布林的儿子查尔斯和费迪南建立了一个占地200亩、拥有国家最先进制造业的学校、钢铁厂和村庄，距离特伦顿总部10英里，拥有员工8 000名。金坷垃工厂能够生产一切，从铁丝网、电报线到电车和电梯缆绳。金门和乔治·华盛顿桥的悬索缆绳都是由罗布林企业制造的。穿越大西洋的第一架直达飞机“圣路易斯精神”号的控制缆绳、用于建造巴拿马运河的电车和施工的缆绳，甚至莱特兄弟飞机的机翼也是用罗布林的缆绳固定的。

罗布林家族的理念和其广泛应用，激发他们采用了家乡的新座右铭：“特伦顿制造，全世界都需要。”

一声“痛苦的叫喊”，一次武器的呼唤

罗布林实现了他的梦想，但这并非易事。在政治竞逐之后，他经历了与对手桥梁工程师查尔斯·埃利特的竞争和阿勒格尼山脉运输测试的破坏事件。现在著名的修理工创业家不得不高度警惕保护自己的业务。身为一个凡事亲力亲为的总经理，他从草图开始建造和设计特伦顿作品。他为了能够直接进行项目监督，旅程便不曾间断。渡槽工程开工时正值匹兹堡严寒的冬季，那里狼群嗥叫，荒无人烟。

此后，搬到特伦顿仅仅三个月，钢缆厂的家族又有了许多新业务，而 43 岁的约翰·罗布林此时遭遇了一次可怕的工地事故。

当时华盛顿·罗布林 12 岁，圣诞节前夕，在工厂里，罗布

林站在反捻机旁，旁边还有忠诚于公司的经理查尔斯·斯旺。由于一时精神恍惚，罗布林无意识地抓起钢缆，配重箱被拉了起来，他的左手被卷入了索轮的凹槽里。华盛顿对这一幕记忆深刻："幸好他痛苦的哭喊被斯旺听到，他当时就站在发动机旁边——他立即反向扭转机器，血肉模糊的手臂慢慢地被放出来。罗布林倒在坑里，身体僵硬。"他的左手肌腱撕裂，手指永久性毁损。罗布林再也无法吹笛子和拉小提琴了。在他调理期间，小华盛顿成为他的护士和秘书。老罗布林的性情变得暴躁和固执。他斥责儿子糟糕的书写，讲述水疗奇特的好处（旧社会的骗术，用水来治疗伤口）。奇怪的是，杰出的工程师竟如此看重它，尽管他的医生极力反对。

当罗布林即将康复，可以再次出行时，华盛顿陪他去监督特拉华—哈德逊运河沿线的四个悬浮渡槽的进展情况。它连接宾夕法尼亚州无烟煤地区和哈德逊河流域：连接宾夕法尼亚的拉克瓦克森和特拉华、纽约的海福尔斯和内弗辛克。规格：

拉克瓦克森渡槽，2 个 115 英尺的跨距，2 条 7 英尺的钢缆。

特拉华渡槽，4 个 134 英尺的跨距，2 条 8 英尺的钢缆。

海福尔斯渡槽，1 个 145 英尺的跨距，2 条 8.5 英尺的钢缆。

内弗辛克渡槽，1个170英尺的跨距，2条8.5英尺的钢缆。

1850年，罗布林与他的员工用两年的时间完成了工程项目。他的设计、建设和制造经验为他职业生涯的下一个里程碑做好了准备：跨越尼亚加拉大瀑布的世界第一座铁路悬索桥。

尼亚加拉大瀑布咆哮的水帘每年吸引10万游客来参观。柯里尔与艾维斯，19世纪著名的“美国公民版画家”为了向这风景奇观致敬，从瀑布各个不同的角度，创作了一系列版画。铁路大亨在纽约和加拿大边境两侧想要得到双倍的利润，他们在横跨800英尺宽、200英尺深的峡谷上把铁路连了起来。桥坐落在尼亚加拉峡谷最窄处的漩涡上方，为游客提供欣赏美国和马蹄瀑布全景的地方。罗布林的老对手查尔斯·埃利特，吹嘘他能够建造一座钢铁悬索桥“作为机车和货运列车的安全通道且很可能用于各类事务”。他得到了初期合同，一个19万美元的竞标——这座桥有800英尺的跨度，双行车道、双行人行道和一条中央铁路轨道，竣工日期是1849年5月1日，正好在夏季旅游旺季拉开序幕之时。

媒体宣传报道埃利特为了获得峡谷第一缆绳的称号，特别举办了风筝比赛。霍曼·J·沃尔什是一个15岁男孩，来自内布拉斯加州，他的那只名为“联盟”的自制风筝赢得了比赛。两个月后，埃利特暂时开放桥梁服务，用一个通道限制施工和人流量。他收取25美分的通行费，把所有的收益从铁路主转向——他自己。头脑发热的埃利特自作主张征用了美国一侧大桥的控制权，发射一枚配有大型铅弹的大炮。但他也得到了报应，当他的这一偷窃行为被发现后，他失业了。之后他也失去了投诉大桥的赞助商的权利，这位赞助商仅仅给他五位数的钱，就怂恿他铤而走险。他于是匆匆离开，去了弗吉尼亚州的惠灵，接手另一座桥梁工程的施工任务。

美国和加拿大的铁路管理员向罗布林抛出了橄榄枝，尽管罗布林一开始备受冷落，而后拥有曾属于埃利特的广受欢迎，但他并没有因此骄傲而停止进步。他迫不及待地制订计划来弥补埃利特设计上的不足，他用两个平台、四条钢缆，并开创性地提出了箱形桁架的概念，利用木质构件和一种钢筋条框架进一步拉紧倾斜的拉索。这位工程师全身心地投入这个项目，在桥梁施工过程中，他在信件中才得知他的一个孩子出生了。事实上，他似乎已经忘记他的妻子怀孕的事情了。“在你的上一封信中，”他写信给最好的朋友，同时也是工厂经理的查尔斯·斯旺，“罗布林夫人和孩子都安好。这让我很吃惊，我完全不知情……你这是什么意思？”

罗布林手头上的繁多工作导致他出现了非常严重的记忆错乱。生活、金钱和名誉都岌岌可危。他正经历着他人生的最大考验，不能失败：

> 1855 年，罗布林的尼亚加拉大桥开通，他享誉国际。他被请到肯塔基州，在那里，他设计了两座世界上最大跨度的悬索桥。工程开工后不久，两个项目都被 1857 年的金融危机中断了。虽然他设计每一座桥都想与其他人的略有不同——他设计了一个方案，大跨度的负载由主缆绳和地面系统来承担，但斜拉索不动。这一系统带来了非常大的稳固性，而这也成为他的招牌。

卡温顿辛辛那提大桥连接俄亥俄州和肯塔基州，于 1867 年 1 月开通。汽艇和渡船经营商游说俄亥俄州立法机构阻止这个项目，罗布林为自己的既得利益与他们斗争。他在 1857 年美国金融危机和内战时期一直坚持斗争。一些南方的反对者担心这座桥梁的建设将会有助于奴隶逃向北方，这无疑让罗布林更有动力完成这一项目。

罗布林从踏上美国土地的那一刻起就极力反对奴隶制，他称奴隶制为“美国正在遭受的最痛苦的癌症”。他谨记：拒绝到南方定居，因为他对这样的制度极其痛恨。在他的日记与书信中，罗布林抗议对黑人的奴役。他把这一观念传给了他的长子华盛顿。身为一个忠诚的共和党人和亚伯拉罕 · 林肯的支持者，在美国内战开始前，罗布林告诉他的儿子：“内战时，如果我能够再年轻一些，我就会去参军，并且在一年内成为总司令。”

1861 年 2 月，林肯总统来到特伦顿请求支持。在议会上，他向 2 万公民发表演讲，其中就有约翰和华盛顿 · 罗布林。《纽约时报》在第二天报道了他受到广泛欢迎的演讲：

> 我将尽我所能，用和平的方式解决我们所有的困难。没有人比我更热爱和平。（欢呼）没有人比我更维护和平，但我们必须坚持下去。（这时人们持续爆发一阵阵热烈的欢呼声，有时甚至把林肯的声音淹没。他仍然继续演讲。）
>
> 如果我尽我的责任，并且做对的事，你们会支持我，对吗？（公民大声欢呼，并喊道：“是的，是的，我们会的。”）

热爱自由，取消奴隶制，罗布林非常肯定地站在这些欢呼者的一边。

勇气、灾难和沉箱

华盛顿 · 罗布林是约翰的长子，他的一生实现了他父亲的许多梦想。首先，听从总统的安排去战斗。加入联盟军队之后，华盛顿成为炮兵，保护联盟在波托马克河的航运，在弗吉尼亚州和哈普斯渡建立了悬索桥，写军事工程手册，并在热气球上进行侦察。在弗雷德里克斯堡和马里兰州，华盛顿用两周的时间重建了一座被洪水冲毁的战略性桥梁。他的父亲为盟军的将军提供地图并捐赠了 10 万美元支持战争。华盛顿参加了第二次奔牛河战役、安提塔姆战役和葛底斯堡的小圆顶战役。他获得了上校军衔，并且多次凭借英勇表现获得晋升。后来他遇见了充满魅力的埃米莉·沃伦——他的指挥官的妹妹，并与她结婚。之后他又回归平民生活，去监督完成卡温顿辛辛那提大桥的建造。

在卡温顿辛辛那提大桥的建造过程中，从第一根缆绳的制作到最后一块桥面的铺设，华盛顿的每一步建造工作都代表了家族。今天，这座桥依然屹立在那里，成为一个载入史册的国家级地标，也是辛辛那提 4 座非高速公路大桥中最忙碌的一座。这一跨度，华盛顿称赞说："这是一个人克服巨大困难的成功案例。" 这座桥于 1983 年以他父亲的名字重新命名。

罗布林的桥梁和钢缆无比坚硬，如同他本人。罗布林左手的手指因为悲惨的事故已经硬化，但是他的骨气、原则、个性和注意力都投入设计和志向上。就像他所做的每一件事，他的儿子华盛顿观察到，约翰做事是"铁宪章的终极限制"。而为此付出的最大代价就是健康。华盛顿反映：

> 冬天，他整日都在户外辛苦工作，有上顿没下顿。到了晚上，在休息的地方，他又要工作到深夜或是更晚，看

书、计划第二天的工作、做交易或采购物资。感到疲惫时，就需要借外物刺激，吸烟或是喝咖啡，这也为他的终身疾病——便秘——埋下隐患。

罗布林长期不在家，这给他的妻子和孩子们带来很大苦恼，但是他在家的时候也让家人很苦恼。在他坦诚而质朴的回忆录中，儿子华盛顿提到他父亲的火爆脾气和“爱与人争吵”的性格。在他的孩子看来，约翰·罗布林是一个残酷的完美主义者，又严于律己。最小的儿子埃德蒙在他们的暴力冲突中逃跑了，这让他的兄弟们都很焦虑，生活陷入困窘。约翰是一个固执己见、事必躬亲的人，但是他把他长期遭受苦难、被抛弃的妻子约翰娜的付出当作理所当然。1864 年，她积劳成疾，在特伦顿病逝。当时，她的丈夫正在辛辛那提工作。那一刻，他终于表达了对她的感谢：“无私的爱和付出”，她“宽容、忍耐、仁慈”，她把爱给了他们的孩子。

约翰是一个贪婪的工作狂，但也热衷于精神世界。虽然他远离大多数娱乐活动（他禁止家人打牌或是看报纸），他喜欢歌剧、涉猎哲学，从黑格尔（他曾经与黑格尔在德国一起学习）到拉尔夫·瓦尔多·爱默生。他很少把“优质的时间”花在孩子身上。他在孩子们还很小的时候就把他们送去家庭教师那里一起生活，或是送去寄宿学校，但他保证他们的未来是有保障的。

教育是他自己成功的关键，所以约翰 · 罗布林把他的前三个儿子安排去全面地学习技术和商业。大儿子华盛顿和二儿子费迪南考上了著名的特伦顿学院，第三个儿子查尔斯被送到梅特费塞尔研究所。该校位于斯塔滕岛，由安东 · 梅特费塞尔创办，他是罗布林的大女儿劳拉 · 罗布林 · 梅特费塞尔的丈夫。才华横溢的查尔斯继而发明了 80 吨的钢缆机，以他父亲为榜样，为铁路和地表采矿制造了 1.5 英寸的钢缆。1981 年，这一大型设备被认证为国家历史性的机械工程。华盛顿和查尔斯都在伦斯勒理工学院学习工程学，费迪南在哥伦比亚学院（现在是乔治 · 华盛顿大学）和费城理工学院学习。

在他声名鼎盛之时和前所未有的荣耀之下，这位具有前瞻性的家长开始逐步培养他的儿子们接管他蓬勃发展的事业。但他们中没有人能够预见这一振奋人心的时刻将会在什么时候、以什么样的方式传递——在水边，还是在布鲁克林大桥奠基的地方。约翰 · 罗布林不断设想，却没能有机会在活着的时候看到这一场景。

1866 年，纽约政府批准修建跨东河大桥，罗布林被任命为首席工程师。他拟订了一个计划，要修建一座宏伟的、1 600 英尺的钢丝悬索桥，由两个 250 英尺高的新哥特式塔楼固定。这将比世界上任何一座桥都更长、更坚固、更安全，也更壮观。它将出现在世界上最繁忙的港口之一，该港口位于美国发展最快的城市。这个世界第八大奇迹有双车道，距离水面 135 英尺，桥上可行驶火车、马车、电车，也可以步行。这是超越科学、超越艺术的创造。罗布林宣布，大桥将作为美国爱国主义的象征和建筑领域的礼物，向“为了大桥建造而提供能源、企业和财富的社会”致敬。

又一次，罗布林与技术恐惧症患者、因妒忌而唱反调者、具有特殊利益的大企业和保守的政治掮客争斗。然而，一群布鲁克林精英参观了约翰·罗布林建造的那些世界大型悬索桥（分别位于莫农加希拉河、阿勒格尼、辛辛那提—卡温顿和尼亚加拉大瀑布）后不久，便与他达成共识。

1869 年 6 月，空气中夹杂盐的味道。罗布林站在布鲁克林的富尔顿渡口的一堆木桩上，一种预感如电流一般流过他的神经。他在现场测量，获取指南针最终的读数和计数。也许他正在想象布鲁克林的塔楼高耸在上面的景象，这位 63 岁的预言家并没有在关键时刻发现渡船的缆绳滑脱，正好撞到站在木桩上的他，碾压到了他的脚。他的脚完全粉碎，医生急匆匆地把他受创的脚趾截掉。约翰·罗布林——这位战无不胜的钢铁制造商，漂洋过海到了美国，经历了早期的农业失败、竞争对手的破坏、经济萧条和恐慌时期，在特伦顿的那次可怕事故中被绞坏左手，经历美国内战又幸存下来。这次，他还能有幸活下来吗？

从小，华盛顿就是一个忠诚可靠的孩子。当灾难发生时，华盛顿就在他父亲身旁。华盛顿下定决心挑起家族的重担。

根据家族传言，华盛顿 15 岁时与父亲一起乘着渡船在东河旅行，却遭遇冰塞被困。这次令人印象深刻的经历让约翰·罗布林开始思考如何跨越水域。1857 年 3 月的一张草图描绘了一个出现在曼哈顿和布鲁克林大桥的公路入口处的庞大的带翅膀的狮子头的埃及塔。这一次事故也激发了华盛顿的灵感。他在学校很努力地学习，创作了一篇关于伦斯勒悬索桥的论文，获得了土木工程专业学位。在他毕业后，华盛顿陪伴父亲一起进行建造之旅，在项目监督中承担更多的责任。虽然工厂主管查尔斯·斯旺已经在自己工厂遭遇的事故中康复，但当老罗布林叫他的长子负责特伦顿的钢缆厂时，华盛顿立刻过来接手，毫无怨言。

现在，面对“最大的灾难”，华盛顿迅速把他的父亲从富尔顿渡口的码头送回家里，并联系了医生。约翰没有了行动能力，但依然固执，在脚趾截肢手术中拒绝麻醉。手术完成后，他又赶走了房间里的医务人员，而是采用他心爱的水疗方式，把脚浸泡在锡盘里，结果感染了破伤风。破伤风的侵袭使这个总是喜欢四处奔波的男人逐渐变得安静下来。罗布林带着愤怒匆匆写下临终前的笔记，他对自己的治疗发出模糊的指令，直到剧烈的痉挛耗尽他的体能。

在 16 天的痛苦折磨后，这个德国移民经历一生奋斗而成为美国工程和企业的巨人的约翰·奥古斯塔斯·罗布林于 1869

年7月22日与世长辞，享年63岁。《纽约时报》的讣告报道，直到他去世前一天的凌晨3点，罗布林“继续指挥他的工作人员……直到最后一刻，他的思想依然停留在东河大桥项目计划上……在他死前的一个小时，他已经辨认不出他的朋友，不久便受到三次因心肺复苏手术带来的痉挛的折磨”。

罗布林临死之前的症状很可怕，在神经病学上称为“角弓反张”。病人在床上背向抽搐，肩胛骨向后拉伸，身体扭曲，“在意识和呼吸停止之前，脸部因为痉挛而露出具有讽刺性的痛苦表情”。华盛顿在他的回忆录中承认看到父亲最后如此痛苦非常震惊：

> 每时每刻，我目睹着最恐怖的强烈的抽搐，我是多么痛苦。他的身体蜷缩成半圆形，后脑勺可以碰到脚尖，脸部扭曲得非常可怕，每一次痉挛都在逐渐消耗他的生命。虽然在许多血腥的战场上见过大屠杀的场景，但我还是被眼前恐怖的场景吓到了。

经历了一次悲痛的葬礼后，华盛顿没有太多时间哀悼和缅怀，他与他的兄弟召开了家庭会议，商量重组约翰·A·罗布林的子公司。这位年轻的土木工程师要建造世界上最宏伟的桥梁，维持钢缆企业的发展，继承他父亲的遗产，并养活他已经怀上第一个孩子的聪慧的妻子。“现在我32岁，”华盛顿接着说，“突然接管了这个时代最惊人的建造工程，而我所能倚靠的人已经倒下。”

在约翰去世两年前，他资助儿子华盛顿和埃米莉去欧洲度过长达一年的蜜月。约翰要让他的儿子研究气压沉箱，从而为布鲁克林大桥项目做准备。届时有三个工程师陪同这对新人出国旅行一年。

沉箱是他们自己建造的工程奇迹。群众聚集在韦伯和贝尔船厂观看建造。那些巨大的黄色松木和铁构架，里面充满压缩空气，用于水下桥梁建造。木头来自北卡罗来纳州；马萨诸塞州制造的蒸汽机用于沉箱加压，箱体两侧被称为“鞋子”，是钢筋铸铁加固而成的。罗布林计划在东河的两侧分别沉下一个16 000 平方英尺的箱子，里面配备电话和煤油灯。沉箱的顶部有几个轴，并安装铁舱口，是工作人员和运输材料的通道。夹板容易拆卸，方便工作人员挖掘河流底部。桥梁建造的成功基于这些能够在水下作业的密封工作室。这对新婚夫妇的“假期”也包括去钢铁厂和钢缆制造厂。这对年轻的夫妇并不知道他们造访德国、英格兰、法国后，华盛顿的妻子埃米莉能很快加入家族生意——就像缆绳进入绳轮的凹槽——成为 19 世纪末唯一一位女性领导人物。

华盛顿在军事、经济和政治的战场中幸存下来。在东河的沉箱工程上，他的意志、婚姻、布鲁克林大桥项目的根基以及罗布林家族的创新企业又将面临怎样的挑战呢？

一座可以依靠的坚固的塔楼

对华盛顿来说，当他在军营里第一眼看到联盟上将沃伦的妹妹时就爱上了她。“她最后完全俘获了你哥哥的心，”他在一封给妹妹（也叫埃米莉）的让人摸不着头脑的信中坦言，“这是一次真正的武力较量。”经过紧张的、长达 11 个月的写信表白之后，这对灵魂伴侣在 1865 年 1 月喜结连理。埃米莉来自一个显赫的家族，“五月花”号的后人。她虽然家底不富裕，但是社交面广、优雅、爱国，在修辞、语法、代数、法语和钢琴等方面都受到良好的教育。当罗布林叫华盛顿回去帮忙的时候，埃米莉也加入了。她与丈夫一起搬到肯塔基州执行第一个桥梁管理任务。当他们一边工作学习一边度蜜月的时候，埃米莉产下了他们的第一个也是唯一的孩子。1867 年 11 月，在艰辛的回家路上，罗布林夫妇在米尔豪森的家族故土停留。他们受到了热烈欢迎，如同摇滚明星般的待遇。在这片约翰 · 罗布林出生的土地上，华盛顿 · A · 罗布林二世也来到了这个世界。

仅仅过了两年，华盛顿和埃米莉就经历了他们家族的第一件伤心事——家族事业创始人的离世。当她的孩子能跟在后面蹒跚学步时，埃米莉就开始处理战时后方事务，而她丈夫则为其父开创的业务日夜忙碌。在记录大桥建造过程的 11 000 多张工程图纸中，华盛顿自己绘画或签署的就有 500 多张。凹凸不平的河床使桥体建造和沉箱下放这个本来就艰巨的任务变得更加困难。机械师 E · F · 法林顿解释说由于桩基无法移动，他的工人需要待在沉箱中，沉入超过 44 英尺深的坚固的河床，河床由黏土、砂和砾石构成。他说这实在太困难了，用铁制工具才能撬动。岩床则需要使用炸弹来爆破。华盛顿改变了他父亲的计划，因地制宜地在沉箱和基岩之间放一层沙垫以分散桥的压力。几吨重的砖石放在沉箱顶部使它沉下去，一旦到达相应位置，就往巨大的箱子里装满混凝土。23 吨重的锚定板——深深地镶嵌在巨大的人工停泊处——连接大桥的缆绳，仿佛“永不放开的拥抱”。华盛顿又一次扩展了他父亲的计划。

1870 年 3 月，3 000 名观众来参观，已经完工的沉箱开始下水。经过两个月的疏浚和清理流域的工作，沉箱才得以沉入东河指定的位置上，即富尔顿渡口滑脱事故的地方，也是约翰·罗布林遭遇致命事故的地方。几年之后，曼哈顿一侧的沉箱沉到水底。在里面，每一个闷热潮湿的沉箱的温度都会上升到令人窒息的80摄氏度。沉箱里就像是但丁所描述的地狱，机械师E·F·法林顿回忆道："在昏暗的、忽闪忽闪的灯光下可以看到半裸的身体。"

其中一个赤裸上身的工人叫弗兰克·哈里斯，据他1922年的回忆录中的描述，沉箱里的环境就是地狱。他第一天遇到可怕的被称为"减压病"的疾病时，便向人们告知了情况：

> 在空空的工棚里，我们已经准备就绪，有人告诉我，没有人能长期作业而不得"减压病"；"减压病"是一种突发性抽搐，发病时人的身体扭曲得像一个绳结，经常会导致终身残疾。
>
> 他们很快向我解释了整个过程。我们工作的时候会进入一个沉到河底的看起来像个巨大喇叭的铁沉箱，里面用泵填充压缩空气把水排挤出箱体：在沉箱的顶部有一个房间叫作"材料仓"，那些从河底挖出来的材料通过这里向上运输，然后运走。在沉箱的一边还有另一个仓室，叫作"气闸舱"，我们在那里将会被"加压"。当压缩空气不断进入沉箱气闸仓时，人体的血液就会不断吸收空气中的气压，

直到血液中的气压与空气中的气压相同……

在河床作业两个小时之后，我们进入气闸仓慢慢地被“减压”，这样一来，我们血管中的气压又会逐渐降为正常的大气压……

一天，就在我们90分钟的“减压”即将结束时，一个名叫曼弗雷迪的意大利人摔倒在地，不断地挣扎，把脸撞向地面，直到血从他的鼻子和嘴巴喷出。当我们把他抬去工棚时，他的腿扭曲得像麻花辫。外科医生把他送去医院。我下定决心，在这里最多再干一个月。

华盛顿·罗布林没有选择，他不能放弃他的工作。在沉箱下沉期间，“他没离开过布鲁克林，一个小时都没有”，《美国工程师》杂志报道，“日日夜夜、每时每刻，他一直观察水底的工作状况”。就像他的父亲，在面对吹毛求疵的批评家、无病呻吟的反对派以及唯利是图的政客时，他依然意志坚定地将工程继续下去。臭名昭著的博斯·特威德无法回避，作为纽约市委员会的理事，他负责监督这座桥梁建造，曾反对华盛顿被任命为总工程师，后来因被指控窃取公款入狱。建筑施工期间发生了几起火灾和爆炸。专家抨击华盛顿使用钢铁。《纽约时报》报道桥梁过于先进引起了公众的恐慌，他们担心桥梁上过重的铁架会让桥超载。一无所知的媒体放肆地指责罗布林“愚蠢”。他们嘲笑他是劣等工程师，因为他只不过是执行他父亲的教导，甚至他创新的钢丝设计、拼接技术和高架桥上的塔楼的建造也是。在桥上安置强有力的缆绳“太乏味了”，机械工程师E·F·法林顿回忆：“经常一天装置缆绳不超过15英尺。”

1870年12月，一个粗心的工人在举着一根蜡烛时太靠近布鲁克林沉箱里木头缝隙中的嵌缝麻絮，以至于发生了火灾。华盛顿在现场英勇灭火。他与工作人员一起劳累了整整一个晚上——12个小时，当他上楼梯的时候，背部袭来一阵疼痛。他昏了过去，被急速送回家，但在短暂的休息之后他又返回工作。三个桥梁工人死于可怕的疾病，超过100人因为长期在沉箱里作业患上非致命性减压综合征。两年后，华盛顿患上了第二种病。因为“减压病”的发作，他的身体越来越虚弱。他被抬出曼哈顿的沉箱，只能躺在床上。妻子埃米莉带他去德国威斯巴登著名的温泉胜地休养了6个月。回来之后，他的病痛依然在持续。但是《美国历史指南》的一位作家指出：“他精神上的痛苦源于既无能也无远见的批评者、欺诈的承包商、报界的恶毒的攻击，以及那些理事的干扰，这些给他带来更大的伤害。”

在家工作期间，为了完成任务，他下决心拟订详细计划。尽管他有一支能干的助理工程师团队，但他更依赖他的生活伙伴和最值得信赖的红颜知己——妻子埃米莉——来实现他的愿望。他教她桥梁上螺丝和螺栓的规格、“缆绳施工的复杂性”、物理和结构工程。埃米莉不仅担任秘书、护士和看护者，同时还担任公共关系专家、办公室主管、外交家、说客和金融顾问。实际上，她是美国最著名的现场项目经理。

“我想我会屈服于我的疾病，”华盛顿在回忆录中写道，“但是我有一个如坚固的塔楼一样可以依靠的人——我的妻子，一个极其机智又聪明的法律顾问。”埃米莉熟练地传达丈夫的指示、回答问题、强有力地回应公众的攻击，并在社交上代表罗布林家族企业。布鲁克林大桥历史学家戴维·麦卡洛在他的史诗性著作《大桥》中评论：“一个普遍的看法是，她的成就既源于她巨大的付出，也源于她伟大的思想，她是这个时代工程建造不朽的丰碑。像工程制造这样的事业让一个女人来做，往往会被认为是荒谬的和灾难性的。但事实上，她已经彻底掌握了工程所涉及的各个方面。”为了说明她工作的能力，《纽约时报》报道：

> 在三四年前，宣传钢和铁构架投标的成功往往要求有全新的模型，之前没生产过的。如此一来，有代表性的工厂为了投标成功，都到纽约咨询罗布林先生。当罗布林夫人与他们促膝而坐的时候，他们非常惊讶地发现她在工程方面的知识帮他们解决了模型问题，并且帮他们解决了困扰他们几个星期的难题。

阴谋家散布谣言说华盛顿瘫痪了，“就像一个活死人”。

1882年，在美国土木工程协会上，埃米莉发表了激动人心的演讲，为她的丈夫辩护，就像当年俘获“华盛顿的心”一样。同一年，美国伦斯勒理工学院（华盛顿·罗布林和查尔斯·罗布林的母校）校长罗西特·雷蒙德，向埃米莉做出的贡献致敬，向广大市民公布这位隐藏在幕后的工程师：

> 我想，对我们来说，在我们今天这个时代，无论女人在过去或者今天的其他地方如何被轻视，但在今天的这片土地上，没有一个男人的成功不是因为某位女性的启示、帮助或对她的怀念。

一年之后的1883年5月24日，桥梁的主管们认可埃米莉的关键作用，让她有幸成为穿越已经完成的跨河大桥的第一人。钢铁制造商和纽约市市长艾布拉姆·休伊特称此桥为“一座永恒的纪念碑，它是由一个牺牲自我、无私奉献、受过高等教育、能力强却长期隐藏在幕后的女人所建造的”。

14年里，在与顽固的政党、官僚主义、疾病、死亡和质疑斗争之后，华盛顿望向窗外，他非凡的妻子带着一只红公鸡，象征着“胜利”。

布鲁克林大桥不仅是一个标志性建筑和工程成就，它还成为一个高耸的标志性符号和文学的灵感，渗透进了美国文化和世界文化。荣获普利策奖的诗人、完美的纽约城情人玛丽安·穆尔在《纽约客》发表“花岗岩和钢铁”，她赞叹“令人着迷的钢缆，在大海的映衬下闪着银光，透过薄雾，看起来像编织的链条”，就像是暴政下羁绊在海湾的主题建筑“自由女神”脚下的链条。穆尔致敬：

约翰·罗布林的纪念碑，

有德国人的坚持，而且，

大跨度组合——已成事实。

诗人沃尔特·惠特曼写下“回到他心爱的城市，看看将要完工的桥”，美国诗人学会指出，大桥“给我的灵魂提供了最好的、最有效的药——全世界最壮观的水陆栖息地”。他的诗歌《穿越布鲁克林的渡船》纪念了东河从富尔顿渡口平台开始的通道，这是布鲁克林大桥坐落的位置——也是约翰·罗布林发生致命事故的地方：

你们这一群男女，身着日常的服饰，在我眼里是多么新奇！

千百人乘船回家，但没人能想到，他们在我看来是何等新奇；

而你们这群多年以后从此岸渡到彼岸的人，也不会想到，此时的我，对于你们是怎样的关切，怎样的默念。

诗人哈特·克兰在1928年搬进布鲁克林高地公寓，这里可以看到雄伟的跨度景观。他在接下来的两年时间里创作了规模宏大的现代史诗《桥》，其中包括15首抒情诗。通过错综复杂的、彻底的且有争议的方式，克兰尝试着把罗布林的纪念碑与自己形而上的“桥情”联系起来，描绘了包括从哥伦布大发现、波卡洪塔斯殖民，到摩天大楼与地铁的问世等美国发生的大事件的画面。开篇颂歌“布鲁克林大桥”奇观：

啊！竖琴与祭坛，与雷霆融合。（岂是苦干就能为你和弦！）

在他出版他的长诗时，克兰发现他曾经住的哥伦比亚顶点公寓也是华盛顿·罗布林后来在他的床上监督大桥跨度建造的地方。

华盛顿康复之后，虽然一只眼睛失明，并且永久性驼背，但他依然坚持完成他的工程任务，而且学习了矿物学。他给妻子建造了舒适的豪宅，在他身体好转的时候与她一起旅行，而且积攒了一笔财富，约2 900万美元。当他的弟弟费迪南和查尔斯去世后，84岁高龄的华盛顿成为特伦顿钢缆公司的总裁，全权负责蒸蒸日上的家族生意，包括电报电线、电缆、铁纱、采矿丝、铜电线、电缆车和电梯电缆。

埃米莉追求她热爱的技术、学术和公民学。她曾在1893年芝加哥的哥伦比亚博览会女董事会任职。在那里，她设计了新泽西州会展。这位“大桥建造者的女人”担任了美国革命女儿会的副会长。在那里，她从事了开国元勋纪念碑的建造工作。1899年，她是获得纽约大学法学学位的 48 位女学生之一。她给丈夫撰写传记，写了建造布鲁克林大桥的纪实性散文、慈善捐赠的法律文件和一篇名为“成为自己遗嘱执行者的价值”的文章。虽然这些年为了照顾丈夫花了很多时间，但是埃米莉仍然去了俄国旅行，与维多利亚女王一起喝茶，为了蒙托克和纽约的美国军队能够从美西战争中顺利返回而组织救援工作，她担任护士和建筑领班。1903 年，埃米莉死于肌肉和胃部并发症，享年 59 岁。

用钢缆网建造的蛛丝状的布鲁克林大桥坚固如初，2015 年又加高到 132 英尺。这是罗布林家族最荣耀和显著的遗产，从米尔豪森、德国，到沙森堡、宾夕法尼亚州，下至特拉华峡谷、肯塔基州和俄亥俄州，上至尼亚加拉大瀑布和特伦顿、新泽西，抵达欧洲，跨越东河。这源于罗布林家族冒险和创造财富的信念。促使工业进步的这三位英雄，约翰、华盛顿和埃米莉，他们编成一股不屈的家族缆绳。朝圣者、士兵和女性开拓者们受到罗布林家族伟大的钢缆事业的影响，更加充满信心。

献词这样写道：

桥梁的建设者们，

仅以此纪念埃米莉 · 沃森 · 罗布林，

她凭借着信念和勇气，

帮助受伤的丈夫、土木工程师华盛顿·A·罗布林上校，

将这座桥梁从想法变成了现实。

而华盛顿的父亲、土木工程师约翰·A·罗布林，

正是这座桥的设计者，

他将自己的一生奉献给了这座桥。

WHO BUILT THAT

Awe-Inspiring Stories
of American Tinkerpreneurs

第二部分

凡世间的奇迹

美国最打动我的，不是举世瞩目的大工程，而是无数的小细节。

——亚历西斯·德·托克维尔

第4章

我，卫生纸

我最喜欢的散文之一是已故哲学家伦纳德·里德撰写的《我，铅笔》，他的过人之处就是将一个书写工具变成了一门关于自由市场的基础课，他追踪了铅笔丰富且深厚的

“家谱”，俄勒冈州雪松木的伐木工人、在加利福尼亚州圣莱安德罗市将原木切成细木条的制造工人、让这些木头穿越整个美国的铁路运输工人、锡兰的石墨矿工、密西西比州的炼油工人，以及在东印度群岛生产制造橡皮所需的油脂的农民。

《我，铅笔》描述了大学校园里的“左”翼顽固派与华盛顿的决策者坚决拒绝承认的一个事实：政府和官员并不生产民众所需要的东西。只有个人在没有强权与阶层的限制下，通过和平的自愿合作才能生产世界上的一切事物，提供一切服务。

和卑微的铅笔一样，我卑微但是必不可少，人们每天都会使用我很多次，但根本不会注意到我，除非我用完了。

我是一卷卫生纸。

我是一种彻底的一次性用品，但是现代人的生活完全离不开我。每个人每次去卫生间平均使用 8.6 格卫生纸，加起来每天就是 60 格，一年就将近 21 000 格。我很柔软，也很便宜；我很方便，也很可靠。美国人每年在卫生纸上的花费就有 80 亿美元。

在我出现之前，人们利用一切可以利用的东西进行清洁，从粗糙的叶子、盐水浸泡过的纱布、石头，再到羊毛、蕾丝、贻贝壳、玉米芯或者纸袋子。有条件的家庭用美国西尔斯和罗巴克公司的目录页，这本册子被戏称为“厕所专用纸”。用于卫生间擦拭的读物在以前很是普遍，所以《老农夫年历》就直接被钻了一个孔，以便挂在厕所里。

也许我卑微、简单、平凡，但是我的生命真的可以算是一个传奇而非凡的美国故事——故事开始于第一家纸张生产商。这是一个关于创造、坚持和企业家精神的故事。这个故事描述的不是一家公司或一位发明家的历史，而是无数私人企业和个体发明家在市场里全力追求个人目标的故事。

不知道你有没有听说过，在古代中国，统治者会要求造纸的人们用捣碎的桑葚、旧衣服以及麻类纤维做成大到离谱的纸张（2 英尺宽、3 英尺长），以满足他们的卫生需求。如你所料，这些帝国的巨型纸巾并不会被包装成家庭经济型商品而堆放在大商店的货架上。造纸术从一门工艺发展为大众可用的商品历经了几个世纪。这个转变充满了尝试、错误、失败、反思、风险、资本、爱国精神和热情。

我，卫生纸，我的存在归功于早期的美国殖民企业家。他们看到了在“新大陆”发展纸业的重要性。他们的初衷不是为了我们的屁股着想，而是为了保卫他们财富的底线。他们和他们的生意伙伴希望能够实现利益最大化，并把他们的家族事业一代又一代地传下去。

印刷业内顶级客户都在服务于国家利益的基础上享有个人利益：创办一个自由的印刷厂，从中赚钱过上好日子。

在众多默默无闻的先驱之中，有一位叫作威廉·里滕豪斯的商人，他是荷裔德国门诺派教徒。1690年，他在美国费城附近沿着莫诺肖溪建立了第一家造纸厂。奔腾的溪水带动着里滕豪斯的木制水车，为工厂的机器提供动力。里滕豪斯从荷兰的一家造纸厂获得的造纸工艺，成为美国早期技术引进的里程碑。他巧妙地与那些会将资本大胆地投资在未知风险上的杰出投资者接触。

邻近的日耳曼城里到处都是纺织和亚麻编织厂，这为纸浆提供了丰富的亚麻破布和棉布的来源。里滕豪斯雇用了一整个村子的村民作为工厂工人，他们切割破布、搅拌纸浆桶、监视捣浆的机器、将纸塑形成张、使用巨大的螺旋压力机将水分从一大摞纸里挤出，并在纸张之间放置羊毛使之干燥。克服了洪水和火灾，里滕豪斯造纸厂成为此后40年里特拉华峡谷地区占主导地位的造纸厂。威廉·里滕豪斯的曾孙戴维·里滕豪斯很有创造力，他年轻时就建立了一座现代化的造纸厂，而那时候他还生活在拥挤的大家庭里面。他后来成为钟表制造商、测量员、数学家、宇航员，还是科学仪器和实验室玻璃器皿的制造商。里滕豪斯家族共有8代人在蓬勃发展的里滕豪斯城里制造与纸相关的产品。

威廉·里滕豪斯最值得一提的生意伙伴，也是我的大家庭里的另一位成员，就是威廉·布拉德福德。他是附近一家印刷厂的老板，他需要一个可以信赖的、提供高质量纸张的供应商。同时，他也是波士顿南部最活跃的印刷厂商。里滕豪斯和布拉德福德二人共同发现，用以书写和印刷的白色纸张的制造费用为每令 20 先令，用以包装的牛皮纸价格是每令 2 先令。金融的共生关系将惠及每一位参与者。布拉德福德成为殖民者里印刷厂商的先驱，他随后印刷出版了《宾夕法尼亚宪章》、纽约的第一部律法书、第一本印刷版的美国立法机关诉讼程序、纽约的第一张纸币、美国的第一本公祷书、纽约的第一部历史书以及纽约的第一份报纸——《纽约公报》。

布拉德福德位于纽约的印刷厂是"一个名副其实的印刷商培育基地"，他的学徒包括约翰·彼得·曾格（十字军记者与新闻自由的捍卫者）、亨利·德·福里斯特（《纽约晚邮报》的创始人）和詹姆斯·帕克（殖民地新泽西州著名的出版商与记者，曾与本杰明·富兰克林合作出版过书）。里滕豪斯家族最终买下了布拉德福德在莫诺肖溪工厂的股份。布拉德福德后来在新泽西州伊丽莎白市新建了一座自己的工厂。里滕豪斯的儿子克劳斯，通过让家族成员都参与到生意中来的方式保证造纸厂的繁荣与长盛不衰。他训练他的儿子威廉（威廉在 1734 年继承了这家工厂），并与他的妹夫威廉·德威斯分享贸易的秘诀（德威斯后来在宾夕法尼亚州的切斯纳特希尔城外建立了自己的工厂）。历史学家约翰·比德韦尔记载了里滕豪斯家族选址上的策略：利用“一个有前途的市场，一个快速发展的交通网络，优良的商业设施以及最佳的生产条件”。

里滕豪斯王朝财政上的成功推动了许多造纸厂的创立，先是在宾夕法尼亚州的农村，然后扩展到整个国家。本·富兰克林不仅仅是一位多产的印刷商和出版商，还投资了 18 家美国早期的造纸厂。与他的妻子一起，富兰克林为初创的造纸厂提供破布、毛毡、模具与熟练技术工人。进取的富兰克林还运营着自己利润丰厚的纸张批发生意。当然，造纸在美国革命孕育的过程中不仅传播了各种信息与观点，同时也激发了殖民者与英国印花税和唐森德税法的理论斗争。

另一位爱国的造纸商叫斯蒂芬·克莱恩，他于 1770 年在波士顿创立了自由造纸厂。这家工厂为具有革命性的报纸和保罗·里维尔在马萨诸塞州的殖民地刻印用于资助美国独立运动的钞票提供棉纸。这些钞票被打印上了这样的标语：“为美国自由而发声。”他甚至把马拴在了克莱恩的工厂里。克莱恩的儿子和孙子建立了克莱恩公司，发明了温彻斯特军火公司连发步枪子弹的包装纸、《圣经》专用的超薄纸张，以及国际知名的精品文具。在经历了两个世纪、8 代人的经营之后，这个位于马萨诸塞州多尔顿镇的家族企业克莱恩公司依然是美国钞票最大的纸张供应商，并且现在已经成为货币安全技术领域的领军企业。

1810年，美国人口普查报告指出，美国17个州已经建立了179家造纸厂，年产值为3 000吨。这样的生产基础对于美国崭露头角的报纸、杂志和书籍发行公司而言无疑是有重要意义的。而这些公司反过来，也为普及那些当时无法想象的纸质商品铺平了道路，例如我。

成千上万的生意往来发生在殖民地工厂主、纸浆与造纸工人、亚麻和亚麻商人、印刷商、媒体运营商、报纸编辑、作家和他们的客户之间。所有的这些个体，以及很多从事造纸周边产业的人分散在农场里、住宅里、工厂里，抑或是在商店里磨炼着他们的技艺。他们以特定的知识与技能相互交易并以此获利。他们通过彼此合作来制造和运输他们的物资并提供服务，这些都是被唤醒并被放大了千万倍的利己主义的结果。

这就是自由市场的奥秘。它是自发机制，是人类的一个创造性的自发有机配置。追求私利让生产者和消费者双赢，达到人们无法想象的程度。

化学家、工程师以及发明家在整个18~19世纪都在地球的每个角落辛勤地工作，改良艰苦的造纸过程。1799年，法国发明家路易斯–尼古拉斯·罗伯特设计了一种双轴连续网环式造纸机。纸浆和水的混合物在网环上成为纸成形前的混合液，当网环把多余的水分滤掉时，纸就留在了网环上。布拉泽斯·亨利与西利·富德里尼耶，两位拥有办公用品业务的英国发明者，将罗伯特的发明引进市场。造纸机使得现在生产成卷的新闻纸变得生产速度又快、价格又便宜。

工业革命带来了与之相关的突破性进展。珍妮纺纱机、轧棉机和蒸汽机的出现加速了造纸所需的碎屑的供应。随着印刷品需求的暴涨，我们需要新的原材料来制作纸张。发明家拿出了稻草、玉米秸秆、甘蔗、大麻和黄麻来造纸。他们也一直在追寻更有效、更新、更便宜的造纸原材料。18 世纪法国科学家勒内·雷奥米尔从大自然中得到灵感，他发现黄蜂筑巢时用的糊状物是由干木头与唾液混合而成的。木质纸浆的想法在获得商业成功之前，在欧洲反复被怀疑了一个半世纪。

在数不清的极具创新力的先驱之中，我要赞扬的是美国内战的士兵、化学家以及发明家本杰明·蒂尔曼和他的企业家兄弟理查德。他们发现了如何用亚硫酸盐化学溶液来使木质纤维液化。1867 年，他们获得了两个专利，一个是通过在高压锅内加热木质纤维，以提取蔬菜原料中的纸浆，另一个是通过在混合物中添加钙来防止纸浆被烧毁或掉色。（蒂尔曼兄弟随后又发明了喷砂工艺，并因此积累了财富。）木质纸浆工厂在白杨木丰富的缅因州兴起，然后在新英格兰和中西部地区蓬勃发展。

我的家谱中还有另一位内战老兵，查尔斯·B·克拉克。1872 年，他招募了企业家约翰·金伯利、哈腓拉·巴布科克和弗兰克·沙特克，共投资3万美元在威斯康星州尼纳市合资成立了一家造纸厂。厂址很有策略性地选在了福克斯河岸上。公司开始出售以亚麻和棉为主要材质的新闻纸，然后接管了邻近的阿特拉斯造纸厂。阿特拉斯造纸厂是威斯康星州第一家使用木质纸浆的造纸厂，它把木质纸浆转变成马尼拉麻的包装纸。金伯利–克拉克公司鼓励员工积极进行实验，进行产品的提升。公司的研究人员研发了用作影印页的纸，并在轮转印刷机上利用光化学反应实现了照片的打印。几十年后，金伯利–克拉克公司首席科学家欧内斯特·马勒发现了可从甘蔗浆中提取皱纹纤维填料。这种绵纸在“一战”期间被作为外用棉花的一种替代品用于治疗士兵的伤口，挽救了无数生命。多亏了金伯利–克拉克公司杰出的市场和产品研发团队，纤维棉成为高洁丝和舒洁个人卫生产品线的基础，这两家公司直到今天仍旧是《财富》500强里价值数十亿美元的公司。

金伯利–克拉克公司的一名员工，德国移民约翰·霍贝格，他1895年离开公司后在威斯康星州的格林湾沿着东河建立了自己的造纸厂。霍贝格造纸厂将一次性纸巾推广到了全世界。这种纸巾因为婴儿皮肤般柔软的质地而被员工称为“魅力”。根据家族传说，霍贝格死于一场悲惨的工厂机械事故，但是有能力的家族成员继续经营着生意。消费品巨头宝洁公司于1957年收购了“魅力”。与霍贝格相邻的竞争对手——格林湾北部造纸厂——推出了“北方纸巾”，后来被重命名为“北棉”，这是1 000张用铁丝穿好的纸品。这两个牌子的产品现在仍旧畅销。

你毫无疑问会把卫生纸当作理所当然的东西，然而，接受我　卫生纸，并不是一夜之间就完成的事情。这需要精明的营销，并且要持续不断地说服那些尴尬的消费者放弃他们的玉米芯和目录页，转而去当地的药店来购买我。1857年，约瑟夫·盖特开始售卖工厂生产的成捆的“医用厕所纸”，这种纸很平整，经过芦荟处理，价格为500格50美分，每一格纸上面都打着他名字的水印。盖特宣传他的马尼拉麻纸，称它是“这个时代最伟大的必需品”，是粗糙的西尔斯和罗巴克公司产品目录纸舒缓的药物替代品。但是盖特创业失败了，即便在当时，室内水管和现代化的厕所已逐步成为美国日常生活的主要部分。

另一位纽约商人塞斯·惠勒，取得了一项关于“改进包装纸”的专利，将盖特成捆的平坦格子纸改成卷状。1891年12月，在颁发美国专利465588号时，惠勒描述他的发明：“一卷连续的厕所用纸，卷纸的切口从侧面延伸至中心但不会相接，最终形成一个沿边线切入的切口，这样一来，纸张的接缝处可以很方便地被切断而不损伤连续的纸面。”

现在看起来，你一伸手就可以把我撕下来是一件很简单的事情，但是这一技术也需要有人实现。惠勒的奥尔巴尼打孔包装纸公司解决了纸张的缠绕和连接问题，这样一来就不会在顺着切口撕下纸张时撕坏一大张相邻的纸张。换句话说就是：不会再有大块的浪费。正如惠勒在他的打孔纸的广告里赞扬的那样:“管道堵塞带来的空气污染和疾病从此得以预防。”

与此同时，消费者的尴尬因素依然存在。在维多利亚时代的美国，如厕的拘谨性是一个亟待解决的社会问题。接下来到我的天才前辈出场了——斯科特兄弟。

托马斯·西摩·斯科特的职业生涯开始于作为纽约的一名律师。由于对企业的弊病感到失望，他选择辞职去做了两年的纸张批发业务。后来，他叫了他的两个弟弟欧文和克拉伦斯，成立了一家合资公司售卖草纸、包装纸和纸袋。这几个兄弟对生意充满了热情。克拉伦斯是一个天生的销售者；欧文早上的时候还是着正装的接单员，到了下午就摇身变成一个推着小车的送货员。托马斯进入柯斯蒂出版公司(《女性家庭期刊》的出版商）担任经理。1879 年，欧文和克拉伦斯在费城注册成立了史古脱纸业公司。1885 年，欧文的岳父詹姆斯·霍伊特发明了封闭式的浴室纸巾容器，并申请了专利。受到詹姆斯专利的启发，欧文和克拉伦斯转向生产卫生卷纸。

今天，卫生卷纸的生产过程基本上和那时斯科特兄弟完善后向美国纸张经销商提供他们私人品牌的卫浴产品时的生产过程是一样的：

首先，制造两条大约3英尺宽的长条木质纸浆原料（纸板），并在滚筒上完成切割；然后，在顶部的纸板底面涂上胶水。这两条纸板交叉着缠到一个中空的金属圆柱体上，得到一个特别长的连续的纸板管。纸板管被切割成每根65英寸长的管子，并通过传送机运送到缠绕机上。两条刚做成的卫生纸绕着纸板管缠起来，然后被一个圆锯切成4英寸的纸卷。包装之后，你就得到一卷卫生纸了。

卫生纸的生产过程开始于工厂中对树木的削皮削片。每批次50吨的木条与化学混合物搅拌在一个消化器里，最终得到约15吨的可用纸浆。纸浆是被洗过的，并且从木质素（木头的天然黏合剂）与烹调用的化学品里面分离出来。纸浆被漂白之后，与水混合，然后被喷在网筛上，沥干水分后变成一个纸堆。这个过程会生产出一个高18英尺的乱蓬蓬的纸纤维堆，然后纸堆被转移到一个被称为“美国佬”的巨大的烘干桶中。纸张烘干的速度是每分钟一英里长，并会被喷上黏合剂。这样当纸张在圆筒上经过加皱以增加其柔软性的同时，也更容易附在圆筒上。这种用来起皱的工具被称为“刮片”，可以刮擦纸张，增添一些细微的褶皱且痕迹不会很深。

这种纸可以添加香味，可以压花，也可以染色。巨型卷轴的皱纸被装在转换机上、拆卷、重新缠绕到纸板管上，并在两端用黏合剂密封，再用一个巨大的圆锯将其锯成16个标准为4英寸宽的纸卷。最后，这些纸卷被包装好，可作民用或商用。

正如商业历史学家所说，斯科特兄弟面临着一场艰苦的战役："市场是有限的，卫生纸也被认为是不值得一提的……消费者不会提及它，商人不会陈列它，出版商也不会宣传它。"为了克服文化障碍，斯科特公司向酒店、公寓、商店以及其他商人提供带有"私人标签"的定制卫生纸产品。结果有成千上万的客户来订购。抓住了这次在酒店的名声，斯科特公司买下了大名鼎鼎的华尔道夫®的商标权，并且把它变成了公司的第一个品牌产品。《大西洋月刊》打破了卫生纸的广告屏障，同意刊登一则"小型、单画面"的华尔道夫®包装盒广告，但守旧的编辑不允许刊登广告文案。该公司后来设计出家庭友好型纸品的广告，针对妈妈和宝宝宣传其品牌的"豪华质感"。

欧文的儿子亚瑟·霍伊特·斯科特通过公开地将家族姓氏与招牌产品联系起来，并在女性杂志上宣传使用卫生纸对于健康的益处（包括《家庭》和托马斯大叔的《妇女家庭杂志》），以及市场营销专业化和公司品牌的推广广告所宣传的物美价廉，颠覆了传统商业产品（斯科特纸巾）。到了1910年，《时代》杂志在一篇《纸巾议题》的特别报道中提到，很明显，亚瑟的"专业化理论是正确的，他的6个品牌的产值占了总产值726 264.09美元的80%"。这位不知疲倦的创新者为一种用来固定卷纸的机器、一种用于卫生纸包装的支撑装置和几种在他父亲的岳父的发明基础之上改进的卫生纸纸柜都申请了专利。

我特别自豪地表明我那些具有创造性的先驱在1915年创造了我的表兄弟——纸巾。亚瑟·霍伊特·斯科特宣称“我发明的目标是为了提供一种以纸为原料的廉价纸巾，可以被用在卫生间、工厂、医院和实验室，也可以有一般用途”。在关于它的专利申请中，他描述了特殊的双层褶皱纸的吸水性、低造价、通用性及其特殊的卷装构造。斯科特公司的纸巾的确是一项意外发明，它源于一批实验性的皱纹纸，它们太重太厚，不利于切成卫生纸。斯科特纸巾很及时地进入了市场。感冒和流感的盛行增强了公众对于洗手和病菌预防的意识，仅仅1918年的那场流感病毒就在全世界造成了5 000万人的死亡。据公司所说，斯科特对他的女儿说，他的灵感在一定程度上是被一位谨慎的费城女教师的故事所激发的。根据当时的报道，这位女教师将厚重的复印纸切成片放在卫生间里，以防止学生传染上疾病。

20世纪30年代后期，斯科特公司的销售额已经高达1 300万美元。从斯科特兄弟最初卑微地用手推车运输牛皮纸开始，该公司已经成长为世界上一个产品无法用语言形容的最大的制造商和出口商。1995年，金伯利–克拉克公司以94亿美元的价格收购了斯科特公司。2012年，金伯利–克拉克公司报道称全球销售额达到了211亿美元。如今，该集团的雇员共有58 000

人，他们在全世界 37 个国家的制造厂工作。其产值达数十亿美元的品牌包括斯科特、舒洁、高洁丝、好奇纸尿裤和拉拉裤。

我的存在是为了那些勇敢的、坚韧的、受鼓舞的美国爱国者、科学家、军人、销售人员、工程师、技工、工人、伐木工人、印刷商、作家、编辑以及雄心壮志的企业家及他们的继承人来延续家族生意。正如自由市场的拥护者、作家伦纳德·里德著名的散文《我，铅笔》指出的那样，我就和普通的铅笔一样，"是人类创造的神奇配置，数以百万计的小知识自然而本能地配合起来以满足人类的需求和欲望，不受任何人的主宰"。

我是卑微的卫生纸，我是信仰自由最崇高的结果，我不是官僚机构的产物。创新不可能被暴力或法令催生，它是不断地自我提升和企业协同效应的产物，我希望下次我们单独在一起的时候，你能够记住：

政府机构不会让我成为可能，而企业会。

第 5 章

一次性瓶盖成为价值 90 亿美元的财富

——论威廉 · 佩因特的瓶盖成为价值 90 亿美元的财富之路

威廉 · 佩因特

专利号：468226　　　　于 1892 年 2 月 2 日申请专利

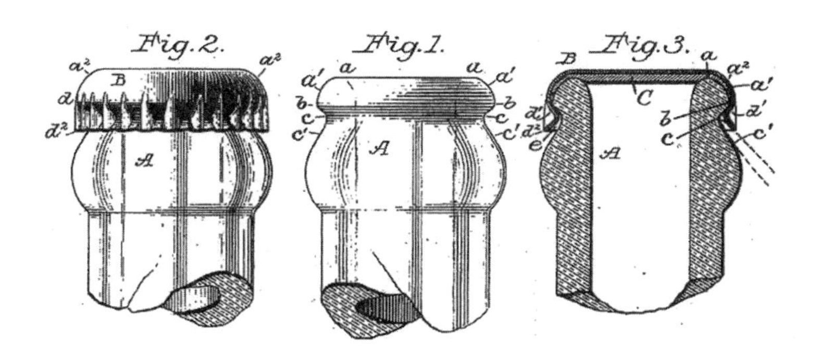

趣闻：我总是对老式汽水非常入迷。浅蓝色的、橙色的、树莓色的、粉红色的等所有你可以说出名字的汽水，我都想喝。

这些饮料充满旧时光的味道，还带着些许药味的甜腻感，从小就狠狠地抓住了我的味觉。

每次帮孩子们开瓶盖时，我都会被瓶子上汽水瓶盖所创造的奇迹震撼。它的尺寸只有一个便士的 1/4 大，重量比一个便士还轻，不结实而且很容易被人遗忘。它被创造出来就是为了被人们毫不犹豫地扔到垃圾桶里去的。然而，经过了 122 年，这些只能一次性使用的瓶盖依然存在。这些瓶盖虽然是由很平常的金属制成的，它的发明却为美国以及全世界其他国家的很多产业带来了巨变，并得到了拯救和启示。从饮料、制瓶、开瓶器到吉列剃须刀、医药、气溶胶（包括家具喷涂容器和来苏消毒剂容器），再到吉百利巧克力和斯帕姆牛肉等加工食品的生产，全都离不开瓶盖。

皇冠瓶盖是威廉·佩因特的发明，也就是如今会被你从可口可乐和康胜啤酒瓶上弹下来的那种。威廉·佩因特出生于 1838 年，是一个教友派牧师的儿子，也是家里 7 个孩子中的老大。他在马里兰州一个很贫穷的农庄长大，很爱下棋，喜欢恶作剧，是一个不负责任的修补匠。他曾经告诉他的朋友和同事，在他青少年时期，他的志向就是“有所‘做’为”，这个志向从未改变。一旦他开始做某件事，不管成功还是失败，他永不放弃。天才佩因特的成功其实只用一句话就可以总结：“发明人人都需要且质量好的东西，并且以前所未有的低价出售。”在“进步时代”（维多利亚时代），生产质量最好、最便宜的生活必需品的竞争非常激烈。数不胜数的厂商在探索生产最完美的瓶盖。赢得这场瓶盖之战是佩因特无上的荣耀，可是为此他必须付出一生的辛勤工作，投入大量的心血。

早期耕耘：创业的种子与发明

威廉·佩因特的瓶盖是怎样变成价值亿万的商品的呢？所有的故事始于一根芦笋。帕斯特·佩因特早期曾向他的一个女儿和他那足智多谋的小儿子威廉发出挑战：“威廉，如果你和妹妹能将芦笋脱粒，并准备好所有待卖的种子，我就给你们应得的奖赏。”

为了收回种子并准备好出售，等秋天浆果变红以后，佩因特家的孩子就开始行动了。他们首先把芦笋植物顶部的蕨类砍掉，然后把芦笋倒挂起来。大约一个星期，芦笋的叶子和浆果就基本干了。之后再把浆果从芦笋的根部摘下并放入水中浸泡几个小时。之后孩子们就把浆果敲开，并精心地把成熟的种子从植物浆水中分离出来。接下来，这些种子再晾晒一个星期直到完全晾干。在这个过程中，他们还要偶尔搅拌一下种子以防止粘连。最后，孩子们把种子装进信封里或者密封的玻璃容器里出售。

威廉得到了他应得的报酬，并懂得了长远的规划、耐心以及有始有终等品质的价值。他没有把自己的所得花费在孩子气的小玩意儿中，而是用这些钱买了一些基本的木工工具。那些他父母负担不起的玩具，他从来不要求父母买，而是自己做。在他的回忆录里，佩因特的儿子描述自己经常把父亲的一些有趣的小设计拿出来玩，这些小设计突出表现了他父亲顽皮的一面。其中有一个小设计是一个装着面粉的风车，只要一吹，这个风车非但不会转，反而会把风车里的面粉都喷到吹气的人身上。另外的小设计是一个尾戒，这个戒指和一个装水的圆柱体连接起来，戴上戒指的时候，这个圆柱体就可以握在手中而不被人看见。圆柱体中的水由大拇指控制，通过一个活塞喷出，因此可以喷到不知情的人身上。佩因特如果还活着，一定会爱上放屁坐垫的（此垫发明于他死后大约 20 年）。

年轻的威廉接受的正规教育只到高中毕业。佩因特的父亲从牧师转行做了医生，他在内布拉斯加州奥马哈市的一个印第安人保留地工作。他说自己无法供威廉上大学。但即使这样，佩因特也从来没有停止过学习。他如饥似渴地阅读，从不间断地磨炼自己的手艺，把上帝赐予自己的天赋发挥到极致，同时他努力地培养自己对于机械和商业的灵敏嗅觉。佩因特的儿子奥林开玩笑说佩因特是在“挫折大学”获得他的大学学位的。用现在的话来说，佩因特就是一个终身学习者。

1855 年，佩因特 17 岁，他开始在特拉华州威明顿的一家皮革制造厂当学徒。这家制造厂名为威尔逊和派尔皮革厂（也就是后来的C J派尔公司）。派尔一家是佩因特父亲家的亲戚。在佩因特当学徒的这 5 年里，他发明了一个可以软化皮革的机器。这个机器吸引了店里领班的注意，据说领班剽窃了这个机器的发明，连同发明的奖金都据为己有。

其他发明家碰到知识产权剽窃这种不知廉耻的行为，可能会觉得很烦恼，甚至一蹶不振，但佩因特毫不妥协。他很了解知识产权的价值，也知道保护知识产权这条路的艰辛。这种事情本来就越早了解越好。他出来独立创业后，佩因特最信赖的同事就是专利律师威廉 · C · 伍德。佩因特说他是一个“忠实坚定的朋友”。从 1874 年一直到 1906 年佩因特去世，伍德和佩因特一起保护了他无数的发明。“他的皮革软化机被剽窃后，”佩因特的另外一位同事回忆道，“佩因特并没有灰心，相反他从这次经历中获益不少。再也没有人能给佩因特的发明穿上别人的衣服，刻上别人的名字，然后打败他而从中获益了。”那颗充满了灵感和奇思妙想的头脑才刚刚热身而已。

在关注汽水瓶和瓶盖之前，佩因特已经给自己很多有用且利润颇丰的发明申请了专利。他发明了一种投币箱（用于收集公共汽车票或火车票），几种用于排空污水池的泵和阀、灯燃器、伪造硬币检测仪、屋面板材切割机、运输罐、喷水壶、旅客列车安全弹射座椅和电轨。最后一个发明还是他做梦的时候想到的。他的儿子奥林回忆道，当时佩因特大概打盹儿到深夜，阅读最新一期他最喜爱的刊物:《科学美国人》或《专利局公报》。

佩因特工作完后，家人会给家里的这个工作狂打扫屋子。他们能在杂志的边缘发现佩因特信手写上的最近的发明计划。最让家里做家务的女主人生气的是，佩因特有一个很奇葩的习惯，喜欢在自己的袖口乱画或写备忘录（如果生活在20世纪70年代，佩因特肯定是便利贴的忠实用户，这种便利贴是3M公司的工程师们发明的）。有时候，突然有了灵感，佩因特会马上抓起一支粉笔，双膝跪地，用手支撑着在店里的地板上画设计图。随后他又会突然起身，拍掉裤子上的灰尘，继续往前走，几乎忘却身边的一切人和一切事。由于沉浸在自己发明的思考中，即使在工作很长时间后，佩因特也会一直步行，直到穿过几个街区，才发现已经走过了自己位于巴尔的摩市中心卡尔弗特街的豪宅。

但是，这位拥有85项专利的人并不是一个行为古怪、疯狂、生活在云端的不切实际的科学家。务实、追求赢利和坚持不懈的精神是他开启成功大门的钥匙。难怪这位发明家能在一小片金属中发现巨大的成功，难怪他能用这一小片金属解决这个最平淡无奇的问题：怎样使流行的气泡饮料保持新鲜、干净、瓶子密封不透气。

环状密封：问鼎“美国国民饮料”

消化不良吗？自美国独立以来，想要治好胃病、缓解饥渴的美国人自制了一种混合饮料。这种饮料使用了黄樟、接骨木、香草和其他草根草药做原料。在 1846 年发行的《比彻小姐的国内收据簿》中，关于她制作的气泡果饮和苏打水，比彻小姐分享了几种有民间风味的配方。如果你对菝葜蜂蜜酒有深切的渴望（也有备用的 1 磅西班牙菝葜在旁边），比彻小姐教你制作方法如下：

> 1 磅的西班牙菝葜
>
> 放入 4 加仑水中煮 5 个小时，再加两加仑水。
>
> 加 16 磅糖和 10 盎司的葡萄酸。

在那个年代，也就是玛莎·斯图沃特时期，比彻小姐引用了一位非常有声望的医生的建议，那个医生担保这些都是好东西：“充满碳酸的水形成一种清凉的、让人神清气爽的饮料。它可以促进发汗，而且利尿（也就是说有利于排汗和肾脏的健康运转），而且它也是检查恶心和呕吐的最有价值的药剂。”

几位发明家，包括约翰·马修和他的同名儿子，都迅速投入了商业汽水设备的生产。到 19 世纪 80 年代，美国的碳酸饮料市场已经渐趋饱和。大多数我们熟悉的、至今仍然会购买的苏打品牌都始于包治百病的专利药品。1876 年，在费城的博览会上，药剂师查尔斯·海尔斯卖的是一种木香的药用糖浆。他在推销时称这种糖浆是“根汁汽水”。1885 年前后，药剂师查尔斯·奥尔德顿在得克萨斯州韦科市配制了一种补充能量的被称为“韦科”的药剂。后来这种药剂又被称为“胡椒博士”。1886 年，在佐治亚州亚特兰大市的一个药店里，药剂师约翰·彭伯顿向消费者隆重推出了可口可乐。

这种气泡饮料的起源其实可以追溯到更久以前。当然，大自然生产了最原始的软饮料：来自自然喷泉的矿泉水。总部位于巴黎的汽水制造商公司在 17 世纪为大众提供了一种柠檬味的糖浆饮料。一位英国的药理教授追根溯源，横跨大西洋，找到了 1798 年之前首次提到苏打水的文献资料。该文献描述道：“略酸的苏打水首次制作和出售是在伦敦，卖家是一位史威士先生。”对的，这位史威士先生就是那个你现在仍然会在姜汁汽水瓶上看到的名字。英国的调查者在“皇家乔治”号的残骸中发现了一个装苏打水的玻璃瓶子。“皇家乔治”号是一艘英国轮船，于 1782 年在马萨诸塞州的朴次茅斯沉没。而在那次事件发生 20 年前，英国科学家约瑟夫·普利斯特列就已经宣布他发现了一种方法，利用固定空气浸渍水，以帮助治愈或预防远程航行中的坏血病。

为了更好地描述软饮料是如何彻底充盈整个美国文化的，

19 世纪托马斯 · 杰斐逊的传记作家詹森 · 帕顿对杰斐逊的好朋友普利斯特列赞扬道："美国人都应该纪念他，因为他发明了苏打水。他不仅不遗余力地为整个国家的创立做出贡献，他还发明了国民饮料。"但是怎样才能最好地密封储存美国人最喜爱的饮料呢？普利斯特列建议把盛放碳酸混合物的容器倒过来储存，用良好的软木塞塞好密封。其他人则建议把瓶子平躺储存，并且把瓶子的底部磨圆。但是这样有一个问题就是，软木塞会变干、缩水，最后导致饮料的泄漏。另外，对于杂货店店主和商人来说，不管是平躺储存还是倒挂储存都是不现实的。在他们看来，木塞和金属塞都会影响瓶子和瓶子里饮料的味道，还会带来潜在的卫生隐患。金属丝在和饮料长时间接触之后会生锈，如果瓶塞没有完全封住瓶口的话，那么瓶嘴周围的凹槽里就会慢慢积累起厚厚的灰尘。

"胜利"vs"环封"

现在让我们进入那些渴望成功的美国思想家和创新者的世界。整个 19 世纪，成千上万解决问题的专家涌入美国专利局办公室，手持各种各样设计精巧的瓶塞或瓶盖。这些设计的制作材料多种多样，包括软木、玻璃、金属丝和陶瓷等，形状也很多，有环状的、垫圈型的、线型的、杠杆状的、半圆的，或者

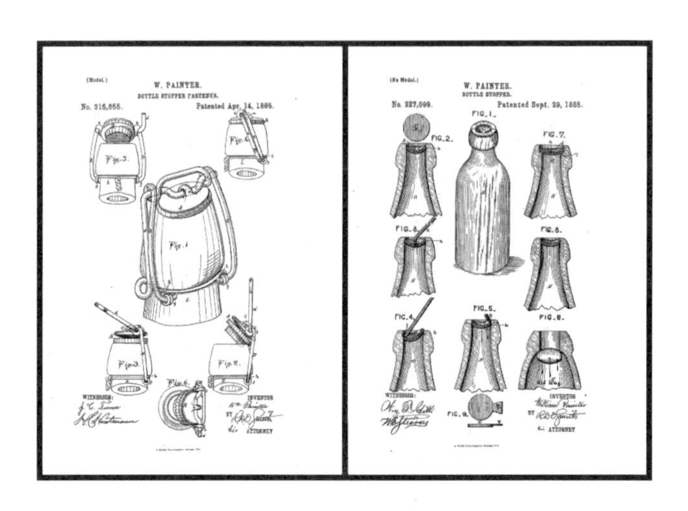

其他复杂笨拙的组合型等。所有的这些设计都可循环使用，而且当时的习惯是这些瓶塞都可以塞入瓶嘴里。在这些设计中，最引人注目的有：用于啤酒瓶的“闪电牌”瓶塞（也可用于广口果汁瓶）；科德的球状瓶塞，它的特点是在瓶嘴部位嵌入了大理石；马修的引力瓶塞；哈钦森的弹簧塞，这种瓶塞把橡胶垫片固定在附着于一个金属丝弹簧圈的两块金属板之间。在威廉·佩因特来之前，美国专利局已经通过了大约 1 500 个瓶塞专利产品的申请。

佩因特开始醉心于设计一种更好、更便宜的瓶塞。因为他之前在巴尔的摩的默里尔和科泽尔机械加工厂担任过机械工程师，他相信自己一定能设计出来。他完全沉迷于研究关于瓶塞的方方面面，专注于研究苏打水、啤酒和麦芽饮料的瓶塞。经过无数次实验以后，他推出了第一款自己的瓶塞：一种名为“胜利”的金属丝固定瓶塞。曾经是工匠的佩因特又对这种瓶塞进行了改进，称为“瓶封”或者“巴尔的摩环封”,1885年9月，佩因特为此得到了又一项专利。

在介绍这项新发明时，佩因特也指出了市场上其他瓶塞的根本缺陷：

> 迄今为止，为了对抗内部压强，保证瓶塞的牢固通常都采用两种方法——一种是通过在瓶子外部加装机械装置，使用金属线绑紧，或者使用特殊的瓶塞牢固，这样的方式有很多种；还有一种是把瓶塞放置在瓶内，而且摆放的位置要正好使得瓶塞在瓶内压力的压迫下紧贴瓶身或填充物。
>
> 第一种方法是非常不受欢迎的，因为这种方法花费非常大，在很多情况下使用起来不方便，而且还可能会被无意中打开。第二种方法也存在同样的问题，其次第二种方法还多了一个问题：瓶子内部瓶塞的存在，会妨碍瓶子和瓶塞有效地快速清洗。依靠外部物体固定的瓶塞，只能依靠外部装置的力量来对抗内部压强。而那些固定在瓶子内部的瓶塞，它们之所以能够固定，是因为它们体积够大，不会穿过瓶颈。在上述提到的任何一种情况下，瓶塞都无

法在进入瓶嘴时自行发生膨胀，从而对抗内部压强，而根据我的方法设计的瓶塞却可以做到这一点。

佩因特的环封包括一个扁平的橡胶盘，其底部是凸型的。瓶塞则嵌入到一个带槽的瓶嘴里（“倒锥形”），整体上形成一个“倒拱”的形状，可以有力对抗碳酸气体的压强。这样密封很紧且防漏，瓶内的液体也可以得到很好的保护，不受污染和阻碍。整个密封装置上的环是由橡胶盘顶部的一圈金属丝组成的。一个简易的钩子或者其他尖头状的物件就可以去掉瓶塞。最重要的是，生产这些瓶塞非常经济便宜（不管是碳酸汽水还是发酵饮料的瓶塞）。这种改进版的瓶塞使用一次之后就可以扔掉。佩因特的“胜利”牌瓶塞每罗 3.5 美元（一罗相当于 12 打）。环封则是每罗 25 美分。

佩因特和贸易伙伴塞缪尔·库克成立了瓶封公司，专门生产这种一次性的橡胶盘。该公司获得了美国和加拿大关于这种瓶封方式的专利权，而且还在巴尔的摩纪念碑大街往东的布拉什电灯厂旁边建了一个工厂。1889 年，库克和佩因特、刘易斯·凯泽尔签订协议，购买这种瓶封在美国以外的销售权。接着，库克执掌公司在欧洲的事业部和生产基地，全权负责该产品在德国、英国和法国的销售。

在早期所有只采用环封瓶塞的厂商中，有一家是新西兰的软饮料制造商。它制造的软饮料叫作“Moxie”。这种饮料的发明者是提倡顺势疗法的内科医生奥古斯汀·汤普森。他一开始宣传这种饮料为“神经食粮”。他在描述这种略带苦味的饮料时称，Moxie能够治疗神经麻痹、脑软化和智力低下。这种饮料确实可以被称为如今的功能饮料的始祖，它能给人带来健康和活力，很容易让人想起那句熟悉的台词：“今天，你喝Moxie了吗？”汤普森给这种产品注册商标的同一年，环封也获得了专利。如今Moxie依然是缅因州的官方饮品。

佩因特的公司也生产饮料瓶，因为环封瓶塞上的橡胶盘比较特别，所以需要对饮料瓶进行调整。美国在1886年发行的《全国饮料瓶经销商公报》上有一则广告，用“纯洁、干净、整洁、牢固、便宜”这5个词总结了这种突破性瓶塞的卖点。这种环封瓶塞忠实地反映了佩因特早先的想法：发明人人都需要且质量好的东西，并且以前所未有的低价出售。这位不知疲倦的发明家在领先时本可以就此止步，但他内心深处的创新精神总是向他发出耗时费力的挑战：

还能生产出更好、更便宜的瓶塞吗？

威廉·佩因特做梦都没想到，他这样反复摆弄琢磨，最后成就了怎样令人惊叹的结果。

永不满足的精神vs永不气馁的毅力

19世纪与20世纪之交，瓶封公司的事业蒸蒸日上。刚刚进入青少年时期的奥林，也就是威廉的儿子，被他父亲派去买装瓶塞的大桶，并给巴尔的摩的各个玻璃生产商分发制槽设备。“我们一开始是按重量卖的，后来知道了一罗的重量和体积之后，就开始按尺寸卖了。”奥林回忆道。佩因特手下的一个经理说，那是一项庞大且利润丰厚的投资，可以给股东带来可喜的分红。在合适的时机，这家公司的创新也给其他产业带来了成功和利润，例如玻璃制造业。

1888年，作为创新者和实业家的爱德华·利比把家族的新英格兰玻璃制品厂搬到了美国俄亥俄州的托莱多市，因为那里有廉价的天然气。出生于西弗吉尼亚州，由一个玻璃吹制工变成多产发明家的迈克尔·欧文斯入股了他的工厂，并且很快就发明了一种革命性的、能自动制造玻璃瓶子的机器。接着，在利比的支持下，欧文斯连续创办了9家公司，其中，有的是他个人出资的，有的是和利比合伙创办的。同时，他还成功地获得了总计59项专利。到1990年，佩因特的公司一直在为欧文斯的瓶子提供瓶塞。这两家企业分别垄断了瓶子和瓶塞的市场，永久地改变了饮料行业的发展。我找不到任何记录来说明这三个杰出的行业巨头的领头人——佩因特，欧文斯和利比——是否曾经见过面，但是他们各自对自我利益和优越机械性能的追求，终究使他们在市场这个大舞台上相聚。这些进步的成功人士都有超群的创造力、对知识产权的崇高敬意，同时还不间断地受到当代创新者的驱使。正是这些特质把他们紧紧地联系在一起。

佩因特当然不会对自己发明的瓶塞满意。有一次，佩因特去美国罗得岛州的达纳拉甘西特旅行，在这次少有的家庭旅行途中，佩因特想到了一个主意，就是用金属沿着瓶嘴上的软木盘做一个带波纹的盖沿。以前的瓶盖由压过的洋铁制成，有 21 道卷边（后来增加到了 24 道）。这种一次性的瓶盖仅通过外部接触来产生气密性，软木则使瓶内的液体不会沾到金属。佩因特把他的想法透露给了他的大儿子，并说这种改进将会在现有的瓶塞生产领域带来一场大变革，让他的儿子发誓保密。1892 年 2 月，经过多次试验，佩因特这套全新的瓶封系统获得了三项历史性的专利。第一项申报了一套新颖的、一次性的瓶封设备；第二项针对密封盘的组合和密封机制增加了更多深入的信息；第三项进一步解释了软木的使用，以及其他有各种保护套的密封盘材料的使用。

从尿布、器皿到隐形眼镜和照相机，这是一个几乎一切都是一次性文化的世界。在这样一个世界里，一次性瓶盖似乎一点儿都不新奇。但是在 19 世纪后期，这种瓶盖就和 3D（三维）

打印食品和智能机器手臂一样另类。佩因特阐述了这种激进的、意图明确的一次性想法："我设计的这种金属密封瓶盖体现的是某些全新的特点，这些特点可以使这种瓶盖更加有效，而且不贵，保证使用一次后就扔掉也不浪费，即使是强力开瓶，这种瓶盖的材料也不会受到损伤。"

努力工作的佩因特注意到，作为他的瓶塞体系的一部分——开瓶器——很快将可获得一项专利。他也很努力地解释之前的装置的生产原则，列出自己每一步都要面对的困难和挑战：

据我所知，我是第一个使用密封盘来密封瓶子的人。把密封盘和瓶口紧密贴合，然后通过一个有凸缘的金属瓶盖固定密封盘，使其保持贴合的状态。瓶盖的凸缘一般是弯曲的或者有褶皱的，以便和瓶口上相应的环状锁肩契合（此时密封盘被瓶盖压住）。

通过不断试错，瓶盖得到了改进：

把瓶盖从瓶子上撬掉需要很大力气，因此，在我早期的发明中，瓶盖的顶部有一个环或者类似的孔，而且这个环或孔必不可少。同时，瓶盖都有很厚的凸缘，用来包裹又重、体积又大的密封盘……经过多次设计和试验，一次偶然的机会，我生产出一个没有环也没有孔的瓶盖，一个更薄的密封盘，这也意味着更窄的凸缘，以此极大地削减了密封装置的成本。

改进后的瓶盖相应地需要改进瓶口和瓶边，这样才有利于起瓶器或者其他尖锐工具或器皿的使用：

> 改进后的瓶盖本身并没有什么特别，瓶盖顶部既没有环也没有开口。为了撬掉瓶盖，我进一步设计了一种全新的方法，使瓶盖和瓶身组合起来。同时，瓶盖弯曲下来的凸缘部分也从瓶头的相邻平面上突出，充当起瓶肩，这样起瓶器就有了一个很好的着力点。

佩因特的儿子奥林是佩因特所有的突破性专利的见证者，他画了一个皇冠的标志。家人称佩因特新的发明为“皇冠瓶盖”。约瑟夫·奥布莱恩是《发明》杂志的主编，他对这种看似平凡的装置惊奇不已。他说“皇冠瓶盖”这个名字非常合适，因为“这种金属瓶盖在瓶颈顶部，固定压在瓶口上的密封盘，而瓶盖上带褶皱的凸缘又和皇冠的外形很相像。另外，这种发明成功地解决了最令人头疼的问题，虽然方法很简单，但很耀眼”。

随后的 1892 年，发明家佩因特和他的商业合伙人在巴尔的摩成立了皇冠软木密封公司。新公司取得了环封和皇冠瓶盖的美国生产权。商业伙伴塞缪尔·库克则组织了一家皇冠软木有限公司，并取得了除美国和加拿大以外所有国家的承销权。欧洲的饮料瓶、苏打水瓶和啤酒瓶生产商，包括德国的阿波利纳里斯公司和伦敦的史威士公司都迅速和库克的公司签订了协议。库克后来又把业务和工厂拓展到了法国、日本和巴西等地。

正如佩因特保证过的，引入皇冠瓶盖两年后，他就推出了“皇冠起瓶器”。这种起瓶器外形酷似一把教堂钥匙，金属撬杆非常好用，把它扣在瓶盖的盖沿，使用支点的力量很快就可以撬开瓶盖。佩因特是这样向专利局描述他的起瓶器的：

> 我的起瓶器主要体现在一个手柄上，在手柄的一端有一个定心规和一个扣盖缘。这三者是可以组合的，定心规充当一个支点。当起瓶器在撬瓶盖的时候，手柄就成了一个杠杆，这样瓶盖就能很容易被撬开了。

如今，对于这种简单功能的描述，我们几乎可以不假思索，但是在佩因特提出这种方法之前，很多人的尝试都失败了。1894年跨年夜，佩因特和库克的同事在英国饮酒作诗，向公司的奠基者们祝酒：

> 愿新的一年
> 每一个国家

每一个城市

每一个乡镇

放弃金属丝和软木

使用美国“皇冠”

到 1897 年，该公司已直接雇用了大约 200 人。此外，为了橡胶、软木、罐头和其他材料的生产，又间接提供了 1 000 个工作岗位。当年年底，皇冠软木密封公司卖掉了 2.8 亿多个皇冠瓶盖和环封。这个数量相当于以每天 100 万件的速度生产一年。1898 年，佩因特又引入了一种用脚提供动力的机器，这种机器可以自动把糖浆装入瓶子，然后用皇冠瓶盖密封。这样，传统老式又耗时的方法被取代。以前一瓶饮料的完成包括很多单独的步骤，首先把糖浆装入瓶底，然后把瓶子移入另一个工作室加碳酸水，最后还要转移瓶子用另外一个机器封盖。

约翰·霍金斯很欣赏佩因特，他曾经是佩因特的首席机械师，在《巴尔的摩商业杂志》中，他写道：“老板就是永远有活力和不懈坚持的缩影，他的天才大部分来源于他对工作的呕心沥血，他的大脑永远都在思考，他永远不懂灰心是什么样的感觉。”虽然很多人认为皇冠瓶盖的成功只是昙花一现，但是他们不知道的是佩因特所带来的革命是多少宣传、教育、技巧和巩固的结果。一些制瓶商依然使用老式的方法和设备。为了使用皇冠瓶盖，瓶子都需要重新设计，改用新的瓶颈和瓶口。借用现在的说法，作为“概念验证”，佩因特说服了巴尔的摩的一位酿酒师把一箱用皇冠瓶盖的啤酒送去南美，然后再带回来。40天后，船和货物回来了。皇冠软木密封公司为此举行了一个招待会，并邀请了《魅力城市》的记者来见证这次测验。这是一次品牌上的成功。

为了打响名声，皇冠软木密封公司需要一个执着的营销团队，这支团队必须具有和发明者一样孜孜不倦的精神。佩因特很聪明，他在自己周围聚集了一帮有志向的人，既包括机械师，又包括企业股东。在这些他招募来的有魅力的人当中，有一个人将创立属于他自己的亿万王国。他的名字世人皆知：吉列。

当金·吉列的一次性刮胡刀事业腾飞之时，威廉·佩因特病得很严重。1906年7月，佩因特在约翰·霍普金斯大学与世长辞，在他钟爱的巴尔的摩与世长辞。他的遗言出自《约翰福音》第14章第6节：“我就是道路、真理、生命。”他是一个虔诚、谦卑的人，为自己的事业付出了所有。虽然他的孩子没有继承他的事业，但是他的大儿子在自己未成年时一直辅助父亲，担任公司的设计和销售。在家庭回忆录里，奥林也一直生动地赞美自己的父亲。佩因特的精神留在一代员工的心里，尤其是金·吉列，他从佩因特给予自己的建议和指导中获益良多。

对于佩因特公司的未来最重要的是，他的成功吸引了另外一种边缘驱动的创新精神，高瞻远瞩，推动了皇冠软木密封公司走向现代化。

璀璨的遗产

20 世纪早期的商人查尔斯·麦克马纳斯一直对某件事物特别痴迷，而这个东西也是美国商业之父托马斯·杰斐逊最痴迷的，他痴迷于此几十年。他们这么痴迷的到底是什么呢？软木塞吗？对于杰斐逊来说，这不仅仅是个人兴趣的问题，也是一个国家的骄傲问题。他是一个狂热的葡萄酒鉴赏家，曾经游历过欧洲所有的葡萄园，并且一直向自己的国人宣传这种酒的优越性。他不只是嘴上说说，还自己实践：在蒙蒂塞洛，他建立了两个自己的葡萄园。作为美国的第一个葡萄栽培者，他不仅做了无数培植葡萄的实验，同时也栽种软木树，尝试生产自己的木塞。

杰斐逊在蒙蒂塞洛的软木树培植事业不是很顺利，但是在将近一个世纪之后，软木树在弗吉尼亚州、马里兰州和南加州都生了根。

然而，即使这样，美国供应的大部分软木塞都还是从国外进口。除了把软木塞用于饮料瓶和酒瓶，美国生产商也把这种软木塞用于绝缘、垫圈、汽车部件、鞋子以及漂浮装置。因此，市场上对于软木塞的需求很大。威廉·佩因特的第一代皇冠瓶盖只采用了很薄的压缩软木来生产成百上千万的瓶盖。他的专利后来也使用了其他组合材料，那么他的皇冠瓶盖还能更高效吗？

佩因特活着的时候没有找到答案，但是皇冠软木密封公司有了。

在纽约的一家小型工厂里，查尔斯和伊娃·麦克马纳斯夫妇俩一起发明了一种新的加工软木的方法。他们生产了一种装置，可以制造组合软木片。伊娃·麦克马纳斯建立了新工艺软木塞公司，该公司的一种名为“Nepro”的合成软木塞产品还获得了专利。这种颗粒状的软木塞内衬比当时的软木塞更薄。通过把皇冠瓶盖做得更窄，需要的锡金属更少，“Nepro”制作起来成本更低。不管是经济景气还是不景气的时代，每一分钱都是钱。

1906年佩因特去世后，他的一个女婿接管了他的事业，但是却几乎把这份事业给毁了。佩因特原来的皇冠瓶盖的专利在1911年过期，禁酒令几乎毁了整个瓶装行业。皇冠软木密封公司很明智地把自己的生产重心从啤酒转向了软饮料，但是公司需要一个领导人。麦克马纳斯，巴尔的摩当地人，他带着使命从纽约搬回来了。他入股了皇冠软木密封公司，把它和新工艺软木塞公司合并，为皇冠软木注入了新鲜的血液。

皇冠软木密封公司和新工艺软木塞公司合并后，麦克马纳斯继续对软木塞和瓶盖的生产进行了很多改进和发明，并获得了多项专利。他在欧洲和北美两岸都收购了很多软木塞公司，并且在那些地方建立相关机构专门从事出口。为了顺利度过“大萧条”，皇冠软木密封公司只好细分自己的产品，生产用于汽车坐垫的软木，装咖啡、茶、饼干和药品的锡瓶，陶瓷瓶盖，以及禁酒令解禁后的啤酒罐。到 1937 年，该公司每日瓶盖产量达到 1.03 亿个。另外，该公司也生产金属部件，这些部件用于子弹、高射炮、战斗机整流罩以及获奖的发明——防毒面具罐。

“二战”期间，美国的软木塞主要依赖国外进口，这成为美国的一个国家安全问题。托马斯·杰斐逊热衷于在美国培植软木橡树，现在看来确实很有先见之明。美国国家军队要使用软木来制作垫圈、油封、飞机火箭上的绝缘体以及其他重要部件，而当时 60% 的软木都要从国外进口。“二战”战前和战时，在巴尔的摩和纽约发生了几场可疑的火灾，让人们不禁怀疑这些事件是恶意破坏的结果。受到这些事件的刺激，同时又出于商业利益的考虑，皇冠瓶塞公司带头发起了爱国主义麦克马纳斯软木橡树种植计划，在美国全国范围内播种软木橡树的种子，增加美国的自然资源储量，使美国软木塞需求的一部分实现自给自足。大约有 12 个州参与了这个计划，但是麦克马纳斯在 1964 年夏天因心脏病发作与世长辞，未能见到这个计划开花结果，或者说未能见到这个计划产出的软木塞。

麦克马纳斯成功地巩固了皇冠瓶塞公司的经营，刺激了公司的销量，使销售额达到了 1 100 万美元。他去世后，他的两个儿子查尔斯和瓦特接管了公司，两个人既有能力又很专注。公司另外一个很注重实际效益的人就是约翰·康奈利，他是铁匠的儿子，他带领公司走过了 20 世纪 60~80 年代这段过渡期。他撤除了不能赢利的产品线，保持低调，使公司摆脱债务。同时，公司开创了喷雾罐的先河，采用拉标签开瓶盖的方法，大大扩张了公司的市场。聚氯乙烯取代了复合软木，国外市场使公司的包装产业蓬勃发展。

1992 年，皇冠瓶塞公司庆祝了其百年华诞。两年以后，美国机械工程师协会指定威廉·佩因特的皇冠瓶盖和皇冠苏打瓶装机器为“世界历史性机械工程的标志”。一个专家组称，佩因特的这两个发明是“当今庞大瓶装行业的奠基石”。几个原来的皇冠苏打瓶装机器现今仍然保存着，并且可以在公司位于巴尔的摩的机械分厂看到。在那里，佩因特的继承人生产出高速不锈钢瓶装和罐装机器，这些机器可以每分钟装罐 2 000 个，装瓶 1 200 个。该公司现在的业绩让人震惊不已，它已是一个价值 90 亿美元的全球包装帝国。在全球范围内，每 5 个饮料瓶里就有 1 个是皇冠瓶塞公司生产的，而在北美和欧洲，每 3 个食物罐里就有 1 个。

耐心、足智多谋、培育、细致，威廉·佩因特吸取了自己在儿童时期收割芦笋种子的创业经验。他生来就不知疲倦、修修补补，他把不断创新这种精神遗产传给了自己公司的继承人。他早期遭遇了知识产权偷窃事件，自己发明的皮革软化装置被别人冒领了专利。从这件事中，他学会了警惕，学会了保护自己的专利权。他的一生就是一堂“伟大的理性成就的课”。皇冠瓶塞公司伦敦分部经理威廉·路易斯 1901 年在颂词中写道：“佩因特先生永远不会开始一项发明却半途而废，永远不会设计没有实用价值的东西，永远不会创造对自己的民族无益的器械，也永远不会创造不能给自己带来金钱和利益的器械。”

和佩因特同时代的人，不管身处商界、工程界还是法律界，都非常欣赏如今被很多人当成理所当然的东西。正如 1901 年法庭在决定维持佩因特的专利权时总结的那样：“专利法保护发明者的利益，给发明者带来获利的希望，这一点可以激发让人振奋的活力，从而带来实验、发明和利益。在应该保护的情况下，如果拒绝保护这种权利，将会使这种活力消失殆尽。”这个判决不仅承认了威廉·佩因特的重要贡献，更承认了那些在自己的车库或者工作间里默默地辛勤劳作追求速度更快、价格更便宜、质量更好的工程师和机械师的贡献：

> 佩因特的发明不像印刷术、蒸汽机或者电报，是划时代的发现，为发明者打开进入万神殿的大门，从此成为人们心里永恒的存在。对佩因特这类发明家来说，他们的名

声以及造福人类的荣誉既是他们的动力又是回报。可是，对于在车间和工厂耐心工作的劳动者来说，就没有名声和荣誉的激励了。

因此，人们非常需要用专利法带来的回报激励他们，给他们带来获利的希望和狂热的激情去继续改进工艺、修复机械故障、发明新方法和器械。这样，在生产无数日常使用的小部件时，可以更加节省劳力和成本。这种激励使得美国的机械师成为世界上最警惕、最善于观察和最勤勉的机械师。而正是这些小发明和小改进在生产中的无限复制，才掀起了一场工业革命，把国家推向了世界商业的最前沿。

令人惊叹的技艺的发明，比如电报和飞机，可能获得很高的声望而成为最大的头条。但是，推动"进步时代"出现的，是无数的、逐步累积起来的小事业，这些事业平凡、不起眼儿，以利益驱动。一个人的成功发明可以带来更多的成功发明。先锋企业家经济而有效的设计激励并开创了一个全新的开瓶器生产的产业，为我们的生活增添了很多实用的工具，从开罐盖的软木螺丝和折叠刀，到阀门起瓶器"拟合"，再到装饰把手和墙上支架，应有尽有。120 年以后，也就是 2012 年，一群年轻人开了一家公司，以威廉 · 佩因特之名命名了他们的公司。该公司主要生产以钛为材料的太阳镜，在眼镜两侧还嵌入了起瓶器。他们解释说，佩因特激励了他们，使他们懂得，要带着创新的态度过有激情的生活，并且要生产挑战传统思维的产品。

威廉·佩因特的人生和他的遗产表明：

小小的瓶盖，孕育了伟大的经济，并刺激了无数其他行业的进步。

第 6 章

一次偶然相识带来吉列剃须刀

佩因特犀利的天才理论是如何启发金·吉列的?

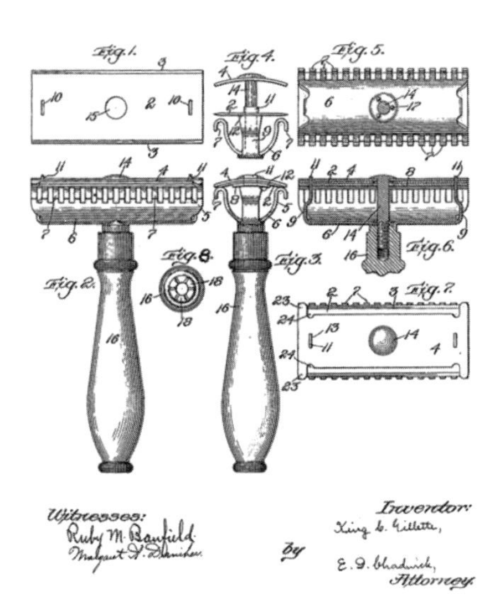

K·O·吉列剃须刀

在金·坎普·吉列遇到瓶盖巨人威廉·佩因特很久之前，“发明”这个词就流淌在他的血液里面了。

他出生于一个富有活力的家庭，他的母亲范妮·列米拉·吉列在1887年就撰写并出版了著名的《白宫食谱》。这本书的销量上百万，直到今天仍在印刷。他的父亲乔治·沃尔科特·吉列是一名作家、一家小型报社的编辑、一名技艺精湛的工匠，还是芝加哥的专利代理人。他制造了“漆锡器”，并且改进了制瓦机。1873年，老吉列发明了一种可以在桶板或桶盖上打孔以取得内部液体的工具。金的兄弟，乔治·H和莫特，也继承了这种喜爱发明的癖好。

和威廉·佩因特一样，吉列兄弟在很小的时候就一起携手工作了。“我的想法和发明是一种自然的冲动。”吉列在他的笔记本里这么写道。他的双亲在孩子们整个童年时期灌输给他们的就是自立和坚持。在1871年芝加哥毁灭性的火灾之后，乔治·W和范妮带着他们的孩子举家搬迁到纽约重新开始生活。金在这座“风城”仍然做五金制造的工作。尽管他找到一份电话销售的工作，但还是选择继续和他的兄弟们一起改进各种各样的桶。然而乔治·W自己发明的工具从来都没有取得显著的商业成果，他要求金继续追寻：“一旦发明了人们生活中的必需品，你就会一夜暴富。你只要持续观察，一定会发明出许多人都渴望的东西。”

二三十岁的时候，无论是体力上还是智力上，吉列都开始有些彷徨。他坐上火车兜售工具，到伦敦卖肥皂。虽然发明了一些小工具，但他承认："大部分钱都被别人赚了，我得到的很少。"接着，他发表了一个很奇怪的宣言，叫"人类的漂移"，描绘了一张令人毛骨悚然的蓝图，一座巨大的建立在尼亚加拉大瀑布上面的商业城市，工人们可以在他的这个理想主义城市中生活。吉列的这个奇怪的宣言以失败告终，但这对于吉列和随处可见的劳苦工人而言算是一大幸事。婚姻和路边的孩子都会让那些想成为哲学家的人变得脚踏实地。他作为旅行推销员的职业生涯才刚刚开始。他擅长做这个，也因此扬名千里。

1891 年，威廉 · 佩因特邀请金 · 吉列加入他的巴尔的摩瓶盖密封有限公司。不久之后，金 · 吉列成了皇冠瓶塞公司在纽约和新英格兰的一名旅行销售代表。"我是在佩因特的游说下才进入该公司的。"吉列深情地回忆道。他们彼此都对发明充满了热情，很自然地建立了深厚的友谊。佩因特邀请吉列到他家"就发明进行亲密会谈"。他无所顾忌地给吉列商业建议，就像他鼓励其他创新企业家时一样。吉列吸收了佩因特的智慧，充分理解了他的瓶盖创新所带来的巨大商业价值。他欣赏平凡的奇迹。

"当你对他的话题感兴趣，并且对他的发明细节和可能性都彻底了解之后，你会发现佩因特先生是一位非常有趣而又健谈的人。”吉列回忆道，“当一个人意识到自己投身的领域前途无限的时候，小小的自己就会有无限的可能。”

正如吉列在讲述自己公司的历史时所说，是佩因特把他推向了实用性和一次性产品的发明创造中。这位敏锐的商人给吉列提供了一种他一直缺乏的客户导向型思维。“你总是在思考和发明”，佩因特对吉列说，但是从来没有一项持续可行的业务。佩因特向吉列建议：“为什么你不试着思考一些类似于皇冠瓶盖的东西？这些东西消费者们使用一次就会扔掉，这样他们就会重复消费——每多一位顾客，你就多建立了一个利润基础。”

吉列说那些话“醍醐灌顶”。当吉列怀疑自己能否创造出超越“软木塞、大头针和织针”这些已经被构思出来了的东西时，佩因特反复跟他说：“你不知道。你或许不大可能找到像皇冠瓶盖这样的产品，但想想也无妨。”

1895 年的一天，当吉列站在浴室镜子前的时候，他突然萌发了后来著名的“安全剃刀”的创意。“当我开始刮胡子时，我发现我的刮胡刀钝了，它不仅钝了，连刀刃也没有了，还需要磨一磨，我得把它带给理发师或者刀匠。”

40 岁那年，他一直苦苦寻找的那个“啊哈”的时刻终于到来了。

吉列回忆道："当我站在那里，手里拿着剃须刀时，我期待地看着它，就像鸟儿归巢那般欢乐——吉列剃须刀由此诞生。"他"对刀片一无所知"，他的想法"在朋友们看起来就像是一个笑话"，专家们告诉他在钢板上面安置一个刀刃用来刮胡子不可能成功，他的父亲和兄弟也都只专心于做剪毛机，不理睬他。

正如当时威廉·佩因特劝说家人、朋友和同事的话那样："做一件事情的唯一方法就是去做这件事。"由于无力从自己的事业中分出心思，也由于过度劳累导致身体状况不佳，佩因特没有投资吉列的公司。但是除了向吉列提供灵感和经验之外，他还尽可能地为吉列提供精神支持。佩因特鼓励他："这看起来真的是一项发展可能性极大的发明，很遗憾我不能和你一起发展，因为我的健康状况不允许。但是，无论你做什么，都不要放弃。"

吉列继续在皇冠瓶盖公司工作，同时，他也一直在不断尝试，寻求经济支持，并且为完善他的刀片寻找技术支持。他无视那些嘲笑和诋毁。在一次出差途中，吉列见到了一位客户，并被这位客户推荐给了麻省理工学院训练有素的化学家和机械天才威廉·尼克森。

尼克森有 100 多项以自己名字命名的专利。"他天生就是一位发明家，"一本科学杂志写道，"他的天才始终专注在一个方向上，他一直都在为工业艺术创造新颖而实用的东西。"不幸的是，他在皮革鞣制、黄金开采、生产电梯安全装置、灯泡制造和食品称重设备上都遭遇了商业挫折。起初，他拒绝了吉列。但是他们都是生来固执的人。“我是一个梦想家，我相信‘黄金就在彩虹脚下’的说法，并且敢为天下先，这就是吉列剃须刀能够有今天的原因，也是唯一的原因。”吉列回忆道。

一旦说服尼克森确信这种想法是可行的，尼克森就全身心地投入研究淬火和磨刀机上，用它们把薄钢变成可以使用的刀片。1910 年 9 月，这位工程师在深思熟虑之后向公司代表汇报：“我相信我已经掌握了情况，并且保证，客观地讲此事会有一个成功的结果。”他制造出的第一个刀片“弯曲褶皱，完全不能用”。在他改进刀片制作工艺的同时，他的机械师着手处理刀身和刀柄的问题。尼克森的雇员无偿地工作了几周，终于实现了在加硬的刀片上安置刀刃这一过程的自动化。

尼克森也一直在寻找方法避免在钢铁制造的集中加热过程中，刀片发生弯曲。开利空调公司帮忙解决了与此相关的恼人问题——生锈。该公司提供了一套制冷系统，原理是通过压缩空气去除其气动机械中的水分。

同时，吉列找到了投资者与他合作，以他的名字来命名这个安全剃须刀公司。他和他的代表们招募了 20 名投资者，每名投资者以每股 250 美元的价格购买了 500 股股票。他们的律师确保侵权者会受到毁灭性的打击。正当生意顺风顺水的时候，吉列被他的老板兼导师威廉·佩因特的皇冠瓶盖公司派遣到了英国工作。他很不情愿地离开了，不过，他正好可以借此机会向海外推广他的剃须刀，并且做市场研究。

1904 年，吉列获得了他突破性的专利。5 年之后，多亏了积极的市场营销和推广宣传活动（他把自己的头像印在了包装上），以前的瓶盖销售员现在成为全世界家喻户晓的名字。尼克森不断创新，10 年之后，又发明一种自动磨刃机，显著地提高了该公司的生产效率和生产力。

第二年，吉列推出了首款专为女性定制和向她们销售的剃刀，被称为“吉列 Milady Decolette”。就像斯科特兄弟的卫生纸的成功关键在于在“进步时代”末期对于社会卫生问题的谨慎，

吉列的销售员也不得不迎合当时的文化观念。经理们建议"在操作演示的时候不要用'剃须'一词","变平滑"是一个委婉的替代词。一份1915年的报纸广告写着:"无袖的晚礼服"使得"光滑的皮肤成为迫切的需求"。14克拉的镀金剃须刀装在一个"用精致的天鹅绒和绸缎做衬里的法国象牙盒"里。1932年,双刃、防锈、抗氧化、着标志性蓝漆的著名"蓝吉列刀片"进入市场。

可惜的是,吉列没能够活着看到"蓝吉列刀片"问市。在长期与肠道疾病斗争之后,他在为自己和家人在南加利福尼亚州建造的农场里与世长辞,他是在睡梦中去世的。尽管在他生命最后的日子里,公司不幸赶上了"大萧条"带来的经济问题,但这家在2005年被宝洁收购的"财富500强"企业现在仍然有将近3万名员工,销售额高达100亿美元。

尽管吉列曾莫名地涉足乌托邦社会理想,但实际上,他是一个地地道道的企业家,他一直都紧紧地将知识产权握在手里。在一本他写给专利律师的备忘录中(这只是众多侵权案件备忘录中的一本),他写道:

> 一切发明背后的原则、目的和功用往往在粗略的技术描述中被人们忽视。吉列刀片对其他刀片的超越不只是"度"的超越,更是"质"的超越。在吉列之前,没有人能设计出

便宜到消费者在发现刀片钝了之后就舍得扔掉的刀片。

吉列进一步指出，在他之前，很多人因为缺少机械技能而无法自己磨刀片，只好去理发店找专业人员来磨，为此花费宝贵的时间和金钱。

> 这项发明的意义不仅仅是让成千上万人可以为自己剃须，并且还会保养自己的剃须刀，它真正的意义在于吉列通过降低价格、简化流程，使成千上万人放弃了传统剃须方式。

专利权对于发明家而言是非常重要的，无论是电力或者飞机等大发明，还是瓶盖和剃须刀这类小发明。

佩因特与吉列是偶然相识，吉列和尼克森也如此，他们的一生都在将梦想变为现实，这些事迹强调了一个人扩展他的创新轨迹的重要性。如果你不向尽可能多的人分享你的创意、失败和对成功的渴望，你永远都不会知道谁会对你有帮助。自给自足绝不是自我禁锢。

成功的创新企业家身边总是围绕着热情的投资者、才华洋溢的工程师、杰出的律师、不知疲倦的营销人员与天才的销售人员。这种同心圆式的创新力不仅仅是成功的基础，也是将来事业发展壮大的基础。

第 7 章

根汁汽水：在尘土中看见财富

查尔斯·E·海尔斯的智慧人生

此照片由马里昂历史协会友情提供

如果你和我一样在费城或费城附近地区长大，那么你肯定很熟悉根汁汽水，包括可口可乐、七喜等知名软饮料品牌。潮湿的夏日里，在新泽西州的海滩上，没有什么比满满一杯根汁汽水或者香草冰激凌更应景，更让人神清气爽！

查尔斯·埃尔默·海尔斯是南部新泽西州一个农场主的儿子。他 12 岁起就开始在药店帮工，其实他的家庭还算富裕，但是海尔斯坚持独立，他说："我对农场不感兴趣，我想走我自己的路。"海尔斯在一家古朴的乡村药店接受训练，他要扫地、清理痰盂、抛光镜面、清理药臼并发放药品，以挣得每周 12 美元的工资。在履行职责的同时，他还努力学习关于药品和化合物的实际知识。而后，他又在药店当学徒，每周 10 美元，4 年后，他成为费城一家药店的店员。虽然他从来没有上过大学，但是他会聆听一些公开的讲座，并在费城药学院上夜校。他学会怎样经营一家小企业，并存下来一些收入。

当海尔斯攒了 400 美元后，他开始独立创业。他开了一家自己的零售药店，睡在店铺上方的小房间里，在隔壁的寄宿家庭吃饭。他合理利用自己的每一分钱，既要用来买货架等资产，又要顾及购入存货。关于究竟是什么激发了海尔斯的灵感，让他调配出了带有木香、甘草、菝葜和香草的混合物，当地的历史学家众说纷纭。有传说是海尔斯在和妻子度蜜月的时候，从他在一个农场碰到的一家人那里借来了根汁的配方。另外一个版本则宣称海尔斯是和天普大学创办人、受人尊敬的拉塞尔·康威尔先生合作，一起推广一种比较温和的饮料，主要是为了吸引蓝领工人（因此宣传时这种饮料的名字从“根汁茶”改为了“根汁汽水”）。

查尔斯·海尔斯在饮料行业取得突出成就之前，他首先得不怕把自己的手弄脏。

真的很脏。

海尔斯在 1913 年 10 月写的一篇文章里分享了一个他早期创业的故事。标题是“看见机遇”，这篇文章收录在《美国药剂师和药品记录》里。他作为一名企业家的智慧是永不过时的，他的职业道德是每一个成功的美国梦的基石。正如药学杂志的编辑为海尔斯的回忆录作序时写的，这位饮料发明者的成功哲学扎根于一个坚定的信仰，那就是“商业社会到处充满机遇，只要你拥有足够敏锐的眼光去发现它们，并且能足够积极地抓住它们”。他希望可以激励下一代年轻的美国企业家，放眼未来，发现身边无限的、创造利益的可能。

对于海尔斯来说，致富之路始于地上的一个毫不起眼儿的洞。

“我想做更伟大的事”

海尔斯用自己在青少年时存的钱，在如今费城市中心的地方买了一块地。在一个木匠的帮助下，他靠自己的双手在第六大道和云杉街交界处建了一个18英尺宽、60英尺长的小店。“店内装修用的是很普通的木材，”海尔斯回忆道，“壁橱、箱子和架子的边缘以及嵌板都上了带金色条纹的白釉。”他用田纳西州的大理石建造了一个柜台和冰柜。这种大理石呈雪青色，是当时非常流行的一种从诺克斯维尔的采石场里开采出来的石灰岩。冰柜的顶部是一套利平科特的煤气灯具。海尔斯后来称，当时那套灯具还是很前卫的，但是我想现在在小店铺里面恐怕也找不到这种灯具了。

在药店的生意进展不顺利的时候，海尔斯就会变得很不安。“我总是很积极，很有活力，”他说道，“在配药处的时间，尤其是白天无聊时让我觉得厌倦，我想做更伟大的事。”外面，相邻的店铺正在装修。那时是1869年，费城充斥着移民、铁路和电车。在教堂、医院、制药厂、皮革厂、图书馆和民宅附近，洗衣店、纺织品店和其他零售商店如雨后春笋般建起来。

“有一天，我在云杉街上走，发现有人在挖一个地窖。”海尔斯回忆说。工人们使用手镐、马拉式铲土机、平土机和蒸汽动力铲在工作。“在他们挖的时候，”他说，“我注意到一个颜色像铅的黏土状的物质，这种物质吸引了我的注意，因为它看起来几乎和油灰一模一样。我捡了一些带回店里，然后把它们烘干。经过考察，我发现这种物质是漂白土或者陶土。”

漂白土

成百上千的行人经过那个混乱的施工现场，带着冷漠或者厌恶。工地离海尔斯的店铺有三个街区的距离，很吵，很脏，满是灰尘和泥土，而且很危险。虽然一铲一铲的土带起的飞尘弄脏了查尔斯·海尔斯的鞋，但是他停下来了，看见了别人没有看见的机遇。

并且他抓住了这个机遇。

“第二天，我返回了那个施工现场，找到了承包商，问他是否可以拿走一些这样的漂白土。”建筑工人很乐意摆脱这些令人不快的土块儿，这样就不用把它们运到离建筑工地比较远的垃圾倾倒场，而可以把这些泥土给这个离建筑工地更近的人。“我把这些土都带回了我的药店，然后在我的地窖旁边开了一条通道，把这种土铺满了整个地下室。”

漂白土是美国境内自然生成的一种黏土。在费城，这种黏土在上一次冰河期结束时就在这个地区沉积。这种土吸附性很好，从古代开始，它就被用于衣物清洗和“缩绒”（吸附羊毛、法兰绒或者其他纺织物上的重油和油斑）。这种黏土也可用作药品的一种成分（用于治疗食物中毒和止血），或者用于家务清理。生产商也经常使用这种黏土来漂白医药产品中的食用油和脱色石油（比如凡士林油）。

既然现在海尔斯有了地窖里的这种黏土，那么他会用它们做什么呢？“我突然想到，也许我可以把这些黏土做成适当尺寸的蛋糕状，这样的话，就更便于零售，人们使用起来也更方便。”他解释道，“因为在那个时候，这种黏土都是以碎块状或者粉状论重量售卖的，装卸时会有很多灰尘和泥土。”

再一次，海尔斯转向了日常生活中被人们忽视、被人们当成理所当然的普通事物。他记得在他居住的寄宿家庭的隔壁有一个女邻居，“她会在铸铁的时候，把铁块放在一个铁环上面”。他发掘了这个铁环的新用法，把黏土放在铁环上，然后切割，做成一个黏土圆盘——当然，他使用这个铁环是征得了女邻居同意的，并且为确保自己能小心使用，并在使用之后归还，还付给了女邻居一定的押金。

海尔斯先把黏土弄湿，然后搅拌成糊状，之后把糊状的泥土塑成圆形的蛋糕状。“这个蛋糕大约 1 英尺厚，直径 3 英尺。”他把这些蛋糕状的黏土放在一个木板上，置于太阳底下晒。“对于我的计划，我很得意，我觉得应该可以卖掉很多。”他很自豪地回忆道。他找了一位从事冶金业的朋友，制造了一个粗糙的模板，并且使用冲切的方法在上面拼写了“海尔斯精制漂白土”几个铅字。这些字没有压印在蛋糕状的黏土圆盘上，所以，海尔斯又用铸铁做了一个新的模板块。

海尔斯，既是助手，又是药店学徒（10 年前海尔斯就曾经干过这个工作），利用自己的空闲时间创造了这个小型蛋糕状黏土块。很快他们就有了一堆（144 个）这样的蛋糕状黏土块，之后海尔斯继续做，装满了一桶，大概 10 堆。他准备把这些黏土块拿出去卖。

接着是促销活动。

精于促销的企业家用餐巾纸把几个这种蛋糕状黏土块包了起来，然后开始和一个在药品批发市场工作的朋友接触。这个朋友由衷地接受了这种产品，“因为在分配人们需要的漂白土时，若按老办法，则还要称重或涉及其他一些工作环境很脏的活儿，这种产品能让我们省掉这些步骤”。海尔斯把这种黏土块以 3.5 美元每堆的价格卖给了批发商，然后批发商又以 35~40 美分每打（1 打是 12 个）的价格卖出去。消息传开，很多订购电话开始打进来，订购量 3~25 桶不等。大客户中的一家是 1830 年在费城成立的史克必成公司，后来这家公司成为世界上占主导地位的医药企业集团之一（现为葛兰素史克公司）。

海尔斯设法让他的药品批发商客户通过贸易的方式来支付。“通过贸易，我能放心地为我的小店储备库存，把这些库存卖掉以后，我又通过地下挖掘工作更新了几次储备，因为我发现几乎整个费城 3~4 英尺深的地底下都埋藏着这种陶土。”海尔斯把这种产品带到纽约，取得了同样的成功。最后，竞争者闻风而来，而承包商再也不会随便把这种陶土给一个过路人。但是作为第一个“吃螃蟹”的人，海尔斯已经赚得盆满钵满，愉快地转向了他的下一项投资。这个副业让海尔斯赚了 5 000 美元，攒下了根汁汽水项目的启动资金，而这个项目在未来为海尔斯带来享誉世界的荣誉和财富。

种瓜得瓜，种豆得豆

“设计一个产品是一回事，”海尔斯说，“成功地把这个产品让人们接受又是另外一回事。”他有一次打趣道：“做生意不做广告就像在黑暗中和女孩放电一样，你知道你在做什么，可是别人不知道。”正如他积极营销自己的蛋糕状陶土一样，从 1870 年开始，海尔斯就着手完善并推广自己在药店里混合出售的根汁汽水。在接下来的 5 年里，他利用从漂白土那里获得的收益进行根汁汽水的研发。

海尔斯孩童时期的好朋友乔治 · W · 蔡尔兹，白手起家，现在是一个富有的出版商。他非常喜欢海尔斯的根汁汽水，同意为这个产品在自家的报纸（《费城大众纪事报》）上免费做广告。和海尔斯一样，蔡尔兹从 12 岁开始在出版业中做小职员，凭借自己的雄心壮志和人格魅力，一路勇往直前走到今天。他们身上有相似的灵魂和精神。

“海尔斯先生，你为什么不给精炼的根汁汽水做广告呢？那确实是好东西啊。”蔡尔兹质疑海尔斯道。

当海尔斯告诉自己的兄弟他没有做广告的预算时，蔡尔兹为海尔斯的产品提出了一个很有诱惑力的建议。

“让我来告诉你怎么做。”他主动提出，“你就在《费城大众纪事报》上做广告，马上开始，我会让记账人员不给你寄任何账单，除非你自己要求。”

这场活动空前成功。海尔斯很快就付清了欠蔡尔兹的钱。他在电车上、长椅上、谷仓牌子上、彩色广告牌上、石版画明信片上、杂志上、全市发行量最大的报纸的整个版面上等各式各样的地方投广告，开创了投放广告新方式的先河。

在 1876 年的费城世纪博览会上，美国带有传奇色彩的苏打水首次亮相。威斯汀豪斯气闸、利比切割玻璃、用于建造布鲁克林大桥的罗布林电缆原型、奥的斯蒸汽电梯、亚历山大·贝尔的电话、亨氏番茄酱、自由女神像的手臂和火炬，以及体形巨大的科利斯蒸汽机等在当时一起参展。900 万人参加了这次世纪博览会，包括未来皇冠瓶盖的创始人威廉·佩因特和他的小儿子。海尔斯把他的根汁汽水小样分发给口渴的参观者。当海尔斯把参观者招呼进来后，他就给每个人价值 25 美分的小袋干草药混合物，或者一小瓶浓缩精炼根汁汽水。这种根汁饮料现在仍然在胡椒博士公司的网上和某些零售商店销售。

海尔斯创立自己的公司 13 年后，在销售自己的产品的过程中，这位药店企业家不再只是注重研发、广告和推销，同时也注重周边更多的企业和美国政府的利益：

> 去年，大概价值5万英镑的树皮、树根、浆果和花用于制造海尔斯精炼根汁汽水的混合物。
>
> 去年，售出20万个小巧别致的用来宣传这种饮料的玻璃杯。
>
> 去年，400万张美丽的图画卡片（用10种颜色印刷，承载着精炼根汁汽水的有关信息），给许多人带来惊喜，照亮了他们的家园和生活……
>
> 去年，25 000美元支付给了印刷厂……
>
> 成百上千的日报、周报、期刊和杂志每一年都会登海尔斯根汁汽水的广告。
>
> 美国政府每年都会通过物流或相关事项从查尔斯·海尔斯的公司获得超过6 000美元的收入。

尽管海尔斯把自己从泥土中挣来的5 000美元，转变成了根汁汽水500万的收入，但他从来没有停止过追求其他各种各样的“副业”。这些来自灵感启发的尝试提高了海尔斯企业的金融安全性，让他雇用了更多工人，产生了更多税收，并给消费者提供了他们想要的产品和服务。除了玻璃艺术品和蛋糕状陶土，海尔斯还建立了一个古巴甘蔗种植园、一个炼乳企业（随后卖给了雀巢公司）和一个精炼调味品公司。此外，他还和美国以及其他国家的作坊建立合作关系，生产陶瓷杯子和瓶子。同时，他还扩大了这种饮料在伦敦、哥本哈根、加拿大和澳大利亚的销售额。

从云杉街他脚下的那一铲黏土开始，对于每一个他看见的地方，海尔斯都能发现一项事业。不是财富找他，而是他从一个个机遇中创造了财富。他坚定地相信自由市场，相信消费者辨别力的品质和其诚信。他做人和做生意的格言简单来说就是：种瓜得瓜，种豆得豆。

回顾他一生的职业发展道路，有冒险、有失败，也有最终的胜利。海尔斯拒绝用疲惫当借口，拒绝像那种对一切说“不”的人一样去哀叹：

> 我总是认为，当我听到一个年轻人诉说自己在前进路上遇到的困难时，我肯定他们走不下去的原因是缺乏主动精神，或者是没有创造机会，抑或是在机会到来时没有抓住。因为我觉得，只要一个人能抓住机会并且好好利用，生活总是充满了机会。

要抓住机会，首先得发现它们。在海尔斯复述自己是如何制造蛋糕状黏土块儿时，他充满了激情，非常想要把自己的经验传授给大家：

有时候，对于追求成功的人，机遇就在你面前。

下面是一首匿名诗，它和 1913 年《美国药剂师》杂志对于查尔斯·海尔斯的描述非常契合。

服 务

趁热打铁吧，一旦停下，铁就会冷却。

如果你在过硬的板材上敲击，

就无法保持焊接。

寻找，成功会尾随而来；

等待，成功则擦肩而过。

快速抓住机会，紧紧把握，相信再次尝试会更好。

服务，整个世界会为你效劳；

游荡，你一个人独自混生活。

艰难时世，是一个永不停息的漩涡，

闲散之人无处闪躲。

生活是一份事业，

死亡是无声的思考。

所以，用你的服务，照亮生活里的黑夜。

WHO BUILT THAT

Awe-Inspiring Stories
of American Tinkerpreneurs

第三部分

最好的朋友：美国商业的动态二重奏

放声大笑，放手去做；

一边高歌，一边处理手头的事情，

让不可能，变成可能。

——迈克尔·欧文斯最喜欢的诗《这不可能做到》

第 8 章

玻璃界视死如归的特立独行者：爱德华·利比和迈克尔·欧文斯

从你的窗户向外眺望。从透明的玻璃杯中倒出些凉水。打开一罐新鲜的泡菜。除去你汽车挡风玻璃上的冰。你的手指滑过苹果手机的屏幕。戴上你的双光眼镜。从镜中审视你自己。你被这些玻璃包围，但是你知道是什么把这无所不在的资源带进了我们的日常生活中吗？

这个流传了 3 000 年如史诗般的玻璃制造的故事，充斥着阴谋、阻挠、间谍活动、刺杀、下毒、破产、暴虐和革命。长达几个世纪，玻璃吹制工都要宣誓保密。负责调配火与沙的人如同保护高度机密的核代码般保护着他们的制作秘方。13 世纪，

美国托莱多大学，沃德·M·卡纳迪研究中心，欧文斯—伊利诺伊斯玻璃有限公司

狂热的威尼斯统治者把玻璃吹制工和其家人囚禁在穆拉诺岛。若他们想逃跑，则会面临刑事诉讼和国家法律处罚的危险。在19世纪与20世纪之交，工匠行会和玻璃工人联盟用其力量去抵制竞争。

思想保守的自卫队员为了保护他们的工作并阻止制造业的发展，疯狂地摧毁这项创新技术。玻璃的出现让他们觉得十分痛苦。

所以，那些先锋胜利者是如何击败那些反对者的呢？西弗吉尼亚州矿工的儿子迈克尔 · 欧文斯和新英格兰实业家的儿子爱德华 · 利比对现代玻璃制造业的关键性作用鲜为外行人所知。除了他们的业内同行、父老乡亲和收藏家，很少有人称颂他们。欧文斯和利比将玻璃的制作工艺从古代手工吹制发展为成熟的机械自动化流程。他们共同创办和扶持了 200 多家公司，许多公司今天依然在发展和不断创新。

工匠欧文斯和企业家利比赌上了自己的财富和生命、同那些玻璃的反对者进行斗争。他们经历了经济危机、罢工、拖延专利的斗争和无数的技术障碍。他们非同寻常的伙伴关系为灯泡、煤油灯生产、制瓶、药品包装标准化、平板玻璃与汽车玻璃的大规模生产以及玻璃纤维的发明带来了突破性进展。那些优雅的玻璃餐具——曾经只属于上层人的奢侈品，被欧文斯和利比带进了普通人的生活。他们让玻璃的生产过程更加安全，消除了这个行业对童工的依赖。欧文斯在机械发明上的天赋为降低生产成本、提高产量铺平了道路，并使得产品的质量与尺寸达到了前所未有的标准化。

为了更好地理解这对伙伴在美国的中心地带所创造的持久的工业辉煌，让我们开始这一段关于玻璃在荒蛮的古罗马帝国的历险记。

柔韧性的传说

想象卡戴珊家族和《黑道家族》中的人都在这里，全穿着古罗马的袍子和凉鞋，瞧，你已经来到了罗马皇帝提比略·恺撒的离奇世界。提比略·恺撒的母亲利维娅是个野心勃勃、不知餍足的人。他的父亲提比略·克劳狄乌斯·尼禄出身贵族，遭到尤利乌斯·恺撒的暗杀后同马克·安东尼一起逃到罗马。风流的利维娅被流放后重返家乡并深深地吸引了极具野心的屋大维。在利维娅第二次怀孕后，她抛弃她可怜的丈夫，跟随了屋大维（后来的奥古斯都一世，罗马的第一位皇帝）。

提比略·恺撒在位期间，毫无意外地陷入消沉、性放荡和复仇之中。提比略是个残虐的人，他将50多个对手以莫须有的叛国罪送上法庭审判，并处决了几十人。诡计多端的利维娅，这位来自地狱的罗马国母，据说毒死了许多提比略的对手，其中包括日耳曼尼库斯和奥古斯都的两个孙子，甚至是奥古斯都自己也被毒死。

总之，提比略·恺撒和他疯狂的家族用尽一切手段夺取了政权，抓住并滥用它。这给我们带来了柔性玻璃的传说。

最初的玻璃生产商来自古埃及、叙利亚和巴勒斯坦，但后来罗马的征服者和商人获得了在欧洲和地中海采用、调配和推广早期玻璃技术的权利。“玻璃几乎渗透到日常生活的方方面面，”一位罗马艺术史专家指出，“从一个女士早晨的化妆到一个商人下午至晚上的生意或晚餐，随处都有玻璃的存在。”

根据古代历史学家普林尼·彼得罗纽斯和戴奥·卡修斯的分别阐述，在腐败的提比略·恺撒的统治下，一个本分的玻璃制造商偶然参观了皇帝的宫殿。这位工匠随身带着用于向神奠酒的透明容器，它看起来像是典型的罗马家庭用于仪式的花瓶。但这不是普通的餐具，这个礼物是由柔性玻璃（可弯曲的玻璃）制成的。发明者将礼物摔在地上，它表面只留下一个小的凹痕，这个事实证明了它的坚固。这位皇帝的客人用锤子奇迹般地对其进行了修复，想以此打开玻璃的销路。

正如传说中的那样，提比略问这位玻璃工匠是否有别人已经知道了他的这项突破性技术，工匠兴奋地说出了事实：提比略是第一个知道这件事的。然而，迎接这位工匠的不是喜悦和奖赏，相反，提比略这位暴君很快让他的侍卫将这位发明了柔性玻璃的人拖出去斩首。理由很简单，如果这项发明被推而广之，提比略担心“金子会变得像尘土一样一文不值”。

然而，就像现在一样，破坏性创新对于统治阶级的经济现状而言已经成了一种根本的威胁。提比略害怕柔性玻璃的出现会逐渐破坏罗马早先的金属的价值。这个大谋杀犯、独裁者和他的中央规划者们，相比开拓新事物，更多的是关心和保护现有的铜、银及黄金产业。他们根本不会考虑追求新事物能带来多少就业机会、产业和财富。竞争和创新是公开威胁，而武力镇压、维稳和政府专制是良药。

穆拉诺岛上被囚禁的玻璃大师

苍翠、静谧、神秘，位于意大利北部的闪闪发光的穆拉诺岛怎么看都不像是一座监狱。但是在13世纪，威尼斯大议会将这片偏僻的沼泽湖变成了一个事实上的拘留所——地中海名副其实的关塔那摩湾。势力强大的威尼斯大议会数十年来一直对利润丰厚的玻璃工业采取高压政策，目的是为了创造一个稳固运转的政府垄断体系。1275年，立法机构发布了一条法令禁止出口沙子或其他玻璃制作原料。接着，政客们下令摧毁了威尼斯境内的所有高温焚化炉。1291年，以火灾危险为借口，威尼斯将城内的所有玻璃工匠驱逐了出去。学徒、工头、锅炉工和这些玻璃工匠一起被迫登上了离境船只，那是去往穆拉诺岛的单程航程。

只要听话，这些工匠的待遇就会相对比较好，他们的领主给了他们完成工艺所需的一切原料。但是，这些带着天鹅绒手铐的工匠一旦泄露了他们的秘密或者试图逃跑就会有失去生命或者双臂的风险。威尼斯的秘密警察会被派出抓捕他们，然后让他们从世界上消失。

长达三个世纪，孤立计划一直在进行。这群失去自由的工匠为威尼斯带来了无尽的荣誉和财富，但是随着提比略气数将尽和罗马帝国的衰落，威尼斯的玻璃垄断也消失了。尽管有海洋的阻隔，也有来自威尼斯政府的强制镇压的规定，吹制玻璃的技术还是传播开来。许多工人成功地逃到了维也纳、比利时、法国和英国。另外一部分人则被贪婪的外国统治者看中，引诱出了这座岛。

17 世纪中期，自负的路易十四国王是穆拉诺岛玻璃产品的一位不知满足的顾客。他已经购买了价值成千上万英镑的威尼斯镜子，但是他还想要更多、更多、更多。“太阳王”的工业和艺术首席部长让-巴蒂斯特·科尔贝策划了一场秘密行动，将穆拉诺岛上的玻璃工匠带到了法国。一位在法国驻威尼斯大使馆工作的旧货商人十分恶毒，潜入穆拉诺岛上凑足了三个臭名昭著的穆拉诺岛玻璃工人（其中一人还是谋杀祭司的凶手）。他们都接受了巨额贿赂和免税政策，同意在巴黎开店。法国人搜罗了将近 24 位穆拉诺岛上的高级镜子制造大师。这群熟工、领班、精密工具制造者、金属磨光师“趁着月色，乘坐贡多拉被秘密机构送出去”，为科尔贝的皇家玻璃和镜子公司效力。而且，他们还带走了他们国家的所有贸易机密。

1864 年，科尔贝和他的工作人员从穆拉诺岛上的玻璃工匠身上搜集到了足够的技艺以继续独立生产镜子。路易十四兴奋地向全世界介绍位于凡尔赛宫内金碧辉煌的镜厅。路易十四财富时代的黎明标志着威尼斯对豪华玻璃的控制的结束。然而，新一轮政府命令和控制将很快开始并笼罩整个欧洲大陆。

这种混乱和专制的背景给一次彻底的技术革命提供了舞台，这次革命将永远地改变世界制造和使用玻璃的方式。在用硅、碱和石灰的古老配方的基础上，美国标新立异的玻璃制造将会给整个行业带来它所提倡的自由、有法律保护并且能带来收入的专利以及实现自动化和批量生产的可能性。

但是，首先他们需要搞定贪婪的乔治三世国王和爱找麻烦的英国红衣步兵。

殖民地的爱国者——美国制造业

来，勇敢的美利坚人，手拉起手，
大胆地去回应，美好的自由在招手，
残暴的行为镇压不住正义的呼声，
也玷污不了美利坚的美好名声。
我们生来自由，我们也应该生活在自由之中，
我们的钱包已经准备好，
沉着，朋友们，沉着，
不要再像奴隶一样给钱，而要像自由人一样地给钱。

——《自由之歌》，约翰·迪金森，1768 年

在法国和意大利君主争夺玻璃吹制工和制造商的控制权时，英国统治者也面临国民对他们日益增长的不满情绪。这些人渴望在没有政府压迫的情况下生产商品和提供服务。美国诗人、散文家、律师和自由捍卫者约翰 · 迪金森号召同胞们一起反抗暴政。他在 1766 年领导人民群众反抗宗主国英格兰施行的可恶的《印花税法案》中扮演了重要的角色。在经历了灾难性的四个月之后，惊慌失措的英国人废除了该法案。但是殖民者的胜利好景不长，也是苦乐参半。精明的议员和时任英国首相的罗金厄姆侯爵虽然提出了废除《印花税法案》，但捆绑条件是要通过《宣言法案》，该法案重申议会"过去、现在都有，并且也应该有充分的权力和权威来制定法律法规，以便约束殖民地和美国人民"。

意思就是：我们统治你们，笨蛋！

贪婪的英国官员需要向他们的殖民地居民榨取税收，并且加强对彼岸那些不守规矩的地域的控制。他们没有建立自己的殖民地来生产自己的东西，也不和宗主国英格兰商人和生产商竞争。他们大胆地要求殖民地居民给他们成批地运回最好的自然资源，然后要求殖民地居民从英国购买成品。美国的统治者禁止他们的殖民地居民生产自己的物资。相反，财政大臣查理 · 汤森（英国的首席推销员）制定了一系列新的进口关税制度，税额繁重，创建了税务警察的职位，其工作总部就设在对《印花税法案》反对最为强烈的波士顿。议会在 1767 年以汤森的名义制定了一整套四部法律。税收将用来支付殖民地总督和地方官员的薪水。通过控制财政大权，封锁殖民地居民从腐败或者无能的高管人员那边获得薪水的途径，汤森密谋夺取他们的地方议会和立法机关的控制权。

如今，每个人都记得当时臭名昭著的、成为自由之子的最后一根稻草的茶叶税，但是第一个被《汤森法案》定义为商品的就是珍贵的玻璃，并将被征税：

> 每100磅的冠、盘子、打火石及白色玻璃，收4先令8便士；
>
> 每100磅的绿草，收1先令2便士。

英国人和他们的支持者认为，由于《汤森法案》是“外部”的（相对于《印花税法案》的“内部”充公的处罚），它们不是真正意义上的税。但是，《自由之歌》和具有影响力的《一位宾夕法尼亚农夫的来信》的作者迪金森揭穿了这一诡计。《汤森法案》是：

> ……明确表明“以赚钱为唯一目的”。这是“税收”的真正定义。他们因此要征税，钱从我们身上来，我们因此被征税。没有经过纳税人的同意，未经本人或其代表的同意，被征税的人是奴隶。我们被征税却没有经过我们的同意，表达我们自己的意志、我们的代表的意志。我们因此是奴隶。

1767~1768 年，23 家殖民地报纸中就有 19 份刊印了迪金森的《一位宾夕法尼亚农夫的来信》。波士顿市市政委员，包括约翰·汉考克和塞缪尔·亚当斯，在 1767 年 10 月于法纳尔大厅召开的历史性市政会议之后也表达了他们自己的心声。

这些爱国者制定了一份英国物资的目标清单，并且组织了美国第二次大型政治抗议（这是模仿“自由之子”所引领的成功回应邮票、糖和现金法案等的不进口协议）。波士顿的领导者还同意“促进工业、经济、制造业”产品的国内生产，以避免“进口不必要的欧洲商品导致本国产业受挫和被毁灭的威胁”。

在这份本地培育和支持名单上排在最顶端的就是：玻璃和纸张。

这些不听话的人将他们的钱放在了他们的嘴里：英国的出口额从 1768 年的 2 378 000 英镑暴跌至 1769 年的 1 634 000 英镑。挑衅的美国人无论男女，对英国的征税队伍不依不饶。愤怒的乔治国王派遣殖民地的殖民者军队红衣步兵占领了波士顿。针对《汤森法案》的反抗和暴动直接引发了 1770 年 3 月 5 日的波士顿惨案。4 月，议会部门取消了《汤森法案》（保留了茶叶税）。但是为时已晚，而且作用太小。革命战争已经注定要来临。

在大规模抵制让英国人屈服的同时，殖民地领导人尽力想推动商业上的自给自足。建国之父们对于鼓励新的生产厂家有着浓厚而持久的兴趣。本杰明·富兰克林需要玻璃来支持他创造性的发明活动（电、玻璃琴、脉冲玻璃及后来的双光眼镜），他与德国移民卡斯帕·维斯塔和他的家人成为朋友。这位勤劳的肥皂商人变成了老板，他在新泽西州的塞勒姆创立了美国第一家营利性玻璃工厂。维斯塔的玻璃工厂为富兰克林的电子实验提供了玻璃电灯泡，也为殖民地费城的数学家、宇航员及发明家戴维·里滕豪斯生产实验室器材上所需的玻璃。

随着早期美国啤酒和威士忌制造商的增多，市场对玻璃瓶的需求量增长了。啤酒商兼葡萄园主托马斯·杰斐逊拉拢制造商。瑞士裔金融学家艾伯特·加勒廷（后来成为杰斐逊的财政部部长）在宾夕法尼亚州的新日内瓦投资了一个玻璃暖房。开国元勋们的创业对于玻璃在美国的发展而言非常关键。在18世纪与19世纪之交，匹兹堡的玻璃制造商本杰明·贝克韦尔和新英格兰的玻璃大亨戴明·贾夫斯建立了名利双收的企业。

英国移民之子贾夫斯由于压片技术、改进模具设计、炉的设计和玻璃着色的方法等方面的技术提升而获得了好几个专利。然而欧洲的玻璃制造商在他之前就已经生产出了压制玻璃，贾夫斯“应凭借压制玻璃这门艺术更加完善并且可以投入实际使用而得到荣誉”。到了19世纪50年代，他的公司已经有了500多名员工。和在他之前的那些玻璃创新者一样，贾夫斯面临着来自玻璃制造商“保护协会”的暴力威胁：

> 对于我成功地用在压制玻璃上的新发现，玻璃吹制工非常愤怒，他们因为害怕生意会被新发现摧毁而变得非常愤怒，我的生命安全受到了威胁。在我敢回到路边或玻璃暖房之前，我不得不躲避了 6 周。而且在长达 6 个月的时间里，如果黄昏之后我还在街上，那么我就会有遭遇人身暴力的危险。

1876 年，在费城世纪博览会上展出了由贾夫斯设计的省力的压制装置生产出的第一个玻璃杯。公司的业务也开始延伸，从精心吹制和切割的餐具到吊灯、华丽的摆设、电报绝缘体再到医药领域的织品和门把手。然而与成功相伴而来的还有劳工骚动、家庭纠纷和管理冲突，这迫使贾夫斯在 1858 年离开了公司。1869 年，他离开了人世。1887 年，在经历了沉重的国际玻璃工人罢工后，波士顿和桑威奇玻璃公司熄灭了火炉，永远地关上了大门。

贾夫斯的遗产延续到他在 1818 年创立的另一家公司——新英格兰玻璃公司，并注定将美国现代玻璃制作的两大巨头聚在一起：迈克尔·欧文斯和爱德华·利比。

矿工的儿子和簿记员的儿子

迈克尔·约瑟夫·欧文斯仍然穿着他的旧裤子，连小学都没上，直接参加了工作。作为贫穷的爱尔兰移民约翰和玛丽的7个孩子中的老三，小迈克尔从9岁起就开始背着午餐和水桶奔忙在父亲工作的煤矿上。

“我的父亲是一位天才。他会做任何东西，小到独轮车，大到船只。”欧文斯回忆道。他会放风筝，吸引鹅群来逗乐孩子们。但当大一点儿的欧文斯不得不去工作并且“做自己讨厌的事情”时，他开始变得伤感。欧文斯将他的成功归功于他父亲遗传给他的“发明本能”，以及他母亲教导他的成功所需要的“实用感”和“伟大的力量与志向”。在10岁的时候，这个斗志昂扬的孩子有了自己的全职工作。“我1859年出生在梅森镇，西弗吉尼亚州。”他回忆道，“我的父亲是一位矿工，但我不是，不过我也曾做过同样艰苦的工作。在我10岁时，我们搬到了惠灵。我有一个庞大的家族，但家人都很贫穷。我去了一家玻璃厂上班。”

这家公司的名字叫“Hobbs, Brockunier, and Company”，是一家由戴明·贾夫斯的新英格兰玻璃公司的前雇员创立的火石玻璃工厂。约翰·霍布斯是一个玻璃切割工。詹姆斯·巴恩斯是一个熔炉工程师，他是帮助贾夫斯发现“红铅”提炼技术的先锋。霍布斯和巴恩斯将公司搬到了西弗吉尼亚州的惠灵镇，因为这里有廉价而丰富的煤和可用于玻璃熔炉燃料的天然气。该地区还拥有铁路线和一个宝贵的运输枢纽——俄亥俄河。巴恩斯死后，霍布斯携手查尔斯·布罗克尼尔、他的新会计，以及公司合伙人共同经营。霍布斯也带来了新英格兰玻璃公司的托马斯·莱顿的儿子威廉·莱顿，他拥有用汞玻璃制作“波士顿银色门把手”的专利。莱顿在新的合资企业担任科学家和管理者的角色，孜孜不倦。霍布斯的儿子约翰·H也加入公司接替他的父亲，直到 1867 年退休。这个公司因其完美的钙玻璃而在业内驰名。相比同等质量的、具有花哨裂纹的乳白色或者带艺术范儿的“桃红色”的火石玻璃来说，钙玻璃便宜太多。

童工是玻璃行业的主要劳动力。女孩在包装室工作，负责抛光和包装玻璃制品。8 岁左右的“鼓风机犬”或“狗仔”担任车间助手。玻璃吹制工可以用空心铁管去掉从炉子中取出的熔融玻璃中的“凝块”。他可以通过吹或摆动铁管使玻璃膨胀或塑形。一个完工者将使用被称作铁棒的实心铁棒和各种各样的木制工具使玻璃最终成型，或者将玻璃压入模具（新英格兰玻璃公司首创）。一家有三名熟练玻璃吹制工和完工者的店就需要 3~4 名男孩。这些“抱着模具的男孩”帮助玻璃吹制工打开和关闭铁模具，其他男孩则站在压榨机旁边“用一个小托盘接住由大型模具塑形的玻璃杯并将它们放在旁边的小桌子上”。那些用长铁棍吹玻璃或者压玻璃，并帮助成年完工者把它们送回加热炉烧制的男孩被称作“标签男孩”，而那些将完成品送回退火炉的学童被称作“运输男孩”。迈克尔·欧文斯讲述了自己如何坚守职责看管炉火：

> 在当时，瓶子是纯手工制作的。工人先吹瓶，然后必须将它重新加热，这样瓶口边缘才能成型。要做到这一点，首先要用被称作纽扣的东西固定住瓶子，将它推入煤矿坑的小圆炉里。男孩被雇用来给这个炉子里添煤……这是我10岁时的工作。我每天早上工作5小时，当我离开煤矿坑的时候天色已经黑如油墨。回到家，清洗干净，吃完晚餐，接着回去完成下面5个小时的工作。

在许多工厂，有专门的雇员负责叫醒打盹儿的工人。这对于勤奋的欧文斯来说从来都不是问题。在他本该休息的时间，不知疲倦的欧文斯甚至更勤奋地工作。他利用宝贵的停机时间模仿他所协助的师傅来练习吹制玻璃器皿。在11岁时，他成为一名“运输男孩”，并紧接着晋升到了装模的岗位。到1880年，大概6 000个10~15岁（1/4的玻璃制造劳动力）的男孩每天工作10小时，一周工作6天，为了每天微薄的30美分。社会福利倡导者和工会领袖游说政府主管部门要严厉制止发生在玻璃工厂的童工身上的苦难，包括虐待、疾病甚至死亡。但欧文斯（其在制造业方面的创新最终会解决任何管制所不能解决的问题）有着与他早期工作经验截然不同的看法。

“工作从不会伤害任何人！”他对一个记者这样嘲讽道。玻璃行业的男孩的工作条件确实有可能伤害他们，他也承认：“但是我作为一个男孩所做的那些艰苦的工作从未伤害过我。我早早地睡觉并且没有浪费一分钟时间……在工厂里，我经历了所有男孩要做的工作，我很喜欢每一个经验的积累。我想去学习一切应该被掌握的东西。如果没有工会阻碍我的道路，我会学到生产的所有步骤。那样的话我在 15 岁就可以成为一名玻璃吹制工，和比我大两三倍的人并肩作战。”

在远离西弗吉尼亚州 Hobbs, Brockunier, and Company 公司的煤烟炉的世界里，另一个少年渐渐开始在玻璃制造业中接受早期训练。比欧文斯年长 5 岁的爱德华 · D · 利比，在戴明 · 贾夫斯的位于马萨诸塞州剑桥的新英格兰玻璃公司总部，经历了他作为“苦差男孩”在玻璃制造生涯中的第一次尝试。利比的父亲威廉，在贾夫斯的另一家企业经过了公司职员训练以后，也作为一名会计加盟了该公司。他还在贾夫斯的华盛顿山玻璃工厂担任过经理。在那里他接触到了艺术玻璃贸易。利比家族的人既是商人，也是“五月花”号的后人，可以说是有名又有钱。年轻的爱德华先在波士顿贵族公立学校接受了严格的学术训练，然后在缅因州的肯特希尔中学预科学校就读。他研究希腊文和拉丁文、诗歌、修辞学、哲学和商业。至于爱德华是否有强烈的心愿成为一名工会牧师，更多是取决于他的父母而非他本人。然而，一场不幸的咽部感染结束了所有涉及公共演讲的事务。爱德华拒绝留在大学，而是返回玻璃厂工作。他身体里流淌着资本主义的血液，没有时间可以供他浪费。

1874 年，在欧文斯的雇主离开数十年后，15 岁的迈克尔自学成才，在Hobbs, Brockunier, and Company公司开始了他的玻璃吹制生涯。20 岁的爱德华成为新英格兰玻璃公司的一名文员。尽管出身富裕，但是利比像其他学徒一样从基层做起。他前往欧洲学习玻璃化学和玻璃历史。他开展营销计划、咨询聘用策略、保持一丝不苟的企业记录，并把守着公司玻璃生产的成批文件。他致力于玻璃产业的推广以及玻璃工艺的提高。他有一颗收藏艺术家的心并且在创建玻璃工业王国的过程中一直保持着审美激情，直至死亡。利比在毁灭性的经济衰退和日益激烈的竞争之间开始他的事业。1883 年，利比的父亲去世，他继承了父亲的公司，也同时承担了燃油、劳动力和运输费用飞涨的压力。

几年来，利比用艺术、营销和经营方面的悟性管理公司。得益于握有行业先驱/发明人约瑟夫·洛克抢眼的琥珀玻璃和桃红色艺术玻璃的专利，新英格兰玻璃公司创造性地推动了高端市场的销售。洛克同时也为公司生产了专利产品波莫那、阿加塔、玉米艺术玻璃。起初，琥珀玻璃在利比的父亲去世以前被认为是失败的。《托莱多刀锋报》这样报道：“有一天，一批琥珀色而非红宝石颜色的玻璃被生产了出来。相比于浪费掉这批玻璃，工人们决定用它来雕刻玻璃器皿，但是老利比注意到这批成色不好的玻璃后，拒绝让这件事继续。就这样，这批玻璃被搁置在了仓库，完全成为昂贵的浪费和损失。”

爱德华是唯美主义者，在那两吨意外的损失中看到了美，并将其命名为“琥珀玻璃”。更重要的是，他发现了一个黄金红宝石的商机。正如利比的传记作者、芬德雷大学商学教授昆廷 · 克拉贝茨所说，利比“创造了一个市场，而且他有将市场与技术结合起来的天赋”。利比同Hobbs, Brockunier, and Company公司以及其他一些工厂签下了协议，生产琥珀玻璃，这种琥珀玻璃在压制的过程中通过混入黄金来中和琥珀色和红宝石色之间的色差。然后，他将公司的一部分库存卖给了朋友和其他一些玻璃先锋，如路易斯 · 蒂凡尼（是的，比如在奥黛丽 · 赫本那里和《蒂凡尼的早餐》中所见的那样）。琥珀玻璃成为风靡一时的餐具并且经历了几次复兴一直持续到下个世纪。利比也将专利用在其他装饰性彩色玻璃的改进和蚀刻玻璃图案上，包括他著名的“佛罗伦萨”“科林斯”“金佰利”和“风筝”图案。他“积极地捍卫自己的专利”，克拉贝茨指出：“他这种致力于保护企业知识产权的警惕是玻璃制造业从工艺转变为产业的基础。”

被分别雇用在极为接近的两家新兴企业中，这对于来自西弗吉尼亚州的贫困矿工的儿子和来自马萨诸塞州的特权会计的儿子来说，要相遇仍然是极不可能的事情——更不用说肩并肩工作，用整个人生彻底改变玻璃企业。他们的生命轨道以一种最不可思议的方式相遇。这段美国最富有成果的工业伙伴关系始于经济困难和劳动力市场动荡。这是两个完全不同的商业和机械天才的联合，战胜了这个产业一切历史秘密带来的压力、阻挠与破坏。

但在此之前，迈克尔·欧文斯和爱德华·利比是互相“对抗”的。

利比和欧文斯：大劳动救援队的目标

“服从多数。”

这是美国火石玻璃工人联盟的基本原则，先与好战的劳工骑士团（即一个秘密的商人社团）结盟。美国火石玻璃工人联盟成为劳工组织的雏形，并演变成为美国工会组织。美国火石玻璃工人联盟拉拢玻璃灯具、灯罩、处方瓶、按压洁具、透明玻璃瓶、瓶塞以及艺术玻璃雕刻和切割机等产品的制造商。就像之前的古代行会和欧洲保护协会那样，火石玻璃工人联盟对玻璃生产的方法、产量、工厂条件、工资和劳动力严格控制。自成立以来，火石玻璃工人联盟的目标就是在所有工厂间“均衡”产出和工资——无论在地理、人口还是经济上有多么不同。他们通过实施严厉的就业规则压制反工会主义，在这一点上，它是“明显严格于世界上其他任何全国性组织的”。

这个组织限制每个车间学徒的数量，并惩罚那些半天内生产出的残次品超标的工人。1878 年，在匹兹堡的第一次会议中，美国火石玻璃工人联盟提议“按工厂和工人的最低速率来制定行业标准”。接着，工会通过了一项激进的决议：“号召在世界各地的工人在国际社会主义的旗帜下团结起来。”制造商们犹豫不决。匹兹堡一位玻璃工厂的老板抱怨道，工会“试图做那上帝都会觉得不适合做的事——阻止一个人比另一个人做得更多”。

火石玻璃工人联盟以及其他玻璃相关工会作为组织者试图通过煽动来强制英国、西弗吉尼亚州、新泽西州和匹兹堡的其他工厂工人加入他们的队伍。马萨诸塞州的火石玻璃工人联盟对不合作的人和组织实施高压政策，并领导了著名的搞垮波士顿和桑威奇玻璃公司罢工。由于火石玻璃工人联盟提倡各地工资平等，新英格兰玻璃公司也在火石玻璃工人联盟的抨击名单上。

迈克尔·欧文斯站在美国火石玻璃工人联盟兄弟的前线，他很年轻、好斗、有事业心，并且能说会道。作为虔诚的爱尔兰裔天主教徒，他曾从自己的家庭牧师那里寻求公开演讲的指导。他总是在追求自我完善。他利用一切业余时间在当地的辩论俱乐部练习演讲，尽量让自己作为劳工组织者表现得自然一些。在欧文斯的传记中，昆廷·克拉贝茨指出，他对于工会的承诺“似乎比哲学更加务实”。他一直在寻找机会发展他的职业生涯。当地火石玻璃工人联盟任命他为指挥官，并派他参加 1887 年的匹兹堡小组会议。在普通工会成员投票决议新英格兰玻璃公司罢工的事件中，热心的欧文斯无疑充当了关键的催化剂。

号称美国全国委员会“救援队”的外部煽动力量包围了利比的工厂，他决心不再忍受与波士顿和桑威奇玻璃公司一样的命运，利比做出了一个大胆的决定，采取了一个逃生计划：

要么去西方，要么等死。

托莱多的转变

玻璃的故事再一次演变成生死存亡的故事。为了寻求出路，利比将新英格兰玻璃厂搬到了俄亥俄州的托莱多，并在1892年正式成立利比玻璃公司。蓬勃发展的中西部城市积极拉拢东部沿海的玻璃加工企业，为它们提供土地、房屋和现金奖励，以及丰富的自然资源和便利的交通设施。这里天然气丰富且便宜，煤矿的使用也越来越普遍。该地区拥有高品质的砂矿资源、伊利湖——一个理想的航运路线，还有一个重要的铁路集散中心。现在利比要做的是说服他的工人们跟着他一起干。

只有少数的几百人愿意跟随他，他们将举家乘坐火车前往700英里之外的地方。利比扩大了他的招募范围，他在西弗吉尼亚州惠灵的报纸上刊登广告，并亲自面试应聘者。迈克尔·欧文斯回忆，利比来到这个小镇做的现场招聘改变了他们的生活以及这个世界。到惠灵去，成为利比的一员，当然他也是其中一个。他有一个比自己年长的朋友，之前在托莱多做主管，但是最后这位朋友决定留在惠灵，所以他向利比谋求一个职务。尽管欧文斯是一位成功的工会领导者，但是他想要更多。“我 15 岁成为一名玻璃吹制工，13 年过去了，现在我依然是一个玻璃吹制工，我并不认为这是一个进步。”欧文斯解释道。在惠灵工作是没有规律的。他厌倦了这样随意的生产罢工和不稳定的收入。利比显然不会支持欧文斯组织工会来反抗他。1888 年，利比拒绝向欧文斯提供主管的职位，但还是让他在自己的公司做了一名玻璃吹制工。风险得到了回报。

三个月后，欧文斯在托莱多顶替了一个年老且无能的工厂主管，并将他降职为一个领班。他解雇了几百个懒惰又酗酒的玻璃工人。他成了一个不折不扣的工作狂，天还没亮就来到工厂，每天工作满 12 小时。 他希望他的工人也能和他一样对工作富有热情，并且能达到他的完美程度。利比在俄亥俄州的芬德雷市附近租了一个玻璃加工厂，后来欧文斯接手了这个工厂。利比玻璃公司在 1891 年签订了一份很重要的合同，为爱迪生通用电气公司提供玻璃灯泡。在此之前，爱迪生通用电气公司的玻璃提供商是纽约康宁玻璃，它曾被称作“开放商店”，但不幸被一场工人罢工搞得一蹶不振。

在托莱多团队里工作需要注意两个方面：

1. 索伦·理查森，利比玻璃的高层之一，在东部沿海地区和爱迪生通用电气公司一起合作研发电灯泡。当他们搬到中西部后，利比玻璃就开始为一些小型电器公司提供电灯泡。

2. 欧文斯成为一名工会领导人后鼓动康宁玻璃的员工放弃曾经习以为常的暑假，暂时搬到托莱多去工作。

经过欧文斯17个月来对高风险工作严厉的监管，利比玻璃赢得了可观的效益。在这个项目之前，杰克·帕坤提发现该公司曾有3 000美元的赤字。在芬德雷工厂开始投产7个月后，1892年1月1日公司盈余50 000美元，投产11个月后，利比玻璃共收益75 000美元。

利比招揽欧文斯进行下一项关键性的投资项目以加强公司财务实力。1876年利比陪同年老的父亲在费城世纪博览会上看过吉林德父子的玻璃展后，他就想自己也弄一个。于是这位具有审美意识的实业家计划于1893年在芝加哥的哥伦比亚博览会上建造一个壮观的温室作为展览的场地。但是他自己的董事会反对他，因此利比向私人投资者募集资金并建立了他自己的基金，并且获得了美国玻璃厂和展览会场馆的独家运营权。利比为10个锅炉配备了300名工人，其中包括150名玻璃吹制工。起初的入场率很低，直到一名雇员建议收费10美分入场（后来提高到 25 美分）并且分发装饰了玻璃利比弓的纪念品领带夹才有了好转。

最流行的展品和商品陈列在富丽堂皇的特色展馆中，这个展馆可以同时容纳 5 000 名游客：利比玻璃制成的玻璃纤维礼服、现场吹制的墨水池纪念品、镇纸，以及闪闪发光的玻璃家具的房间。在利比展馆的“水晶艺术室”，林立着路易十四时期的镜子，复杂的切割玻璃在乔治·威斯汀豪斯和尼古拉·特斯拉提供的交流电灯光下闪闪发光，让游客们目眩神迷。一个眉飞色舞的记者形容这是一个“钻石林立的房间”。一次高瞻远瞩的赌博，由欧文斯以及他的团队打造的奢华的玻璃产品展览营造出了一个利比玻璃的白热化氛围，并引发了疯狂的水晶热潮。该公司的切割玻璃订单从此猛增，它的全球声誉帮助美国走向了切割玻璃的“辉煌期”。

利比和欧文斯神采飞扬地回到了托莱多。当然，欧文斯立刻回去工作。利比向这位桀骜不驯的爱尔兰工会头领所传达的管理职责激发了欧文斯天才般的创造力。虽然他不会画也看不懂这些蓝图，对工业设计也没有任何经验，也从未学过机械工程（更别说学习其他学科超过三年级或四年级的内容），欧文斯骨子里却是一位典型的美国创新企业家。

他富有远见、有决心，且务实。

他身边有一群拥有天赋且技艺娴熟的工匠。

他从未因为自己一时的成就而止步。

并且，他在自己的逆境中收获了伟大的灵感。

他们开启了：自动化的时代

迈克尔·欧文斯办公室的墙上贴着一首埃德加·艾伯特·格斯特的诗，用以激励士气，这首诗名为“这不可能做到”。

有人说这不可能做到，

他以微笑回应。

说这或许不可能，

在他尝试之前，他不会这么说。

所以，他脸上露出一抹微笑，

担心则隐藏起来。

奋斗的时候，他一边吟唱，

不可能做到的事情，他做到了。

有人嘲笑：噢，你不可能做到，

至少以前没有人做到；

但是他脱下外套，摘下帽子，

我们知道他已经开始，

下巴一抬，一丝笑容，

没有任何犹豫或怀疑。

奋斗的时候，他一边吟唱，

不可能做到的事情，他做到了。

无数人预言你的失败，

无数人接连向你指出，

重重险阻在等着将你击垮。

但是，露出一抹微笑，

脱掉外套，放手去做；

放声大笑，放手去做，

让不可能，变成可能。

“重重险阻在等着将你击垮。”由于迈克尔·欧文斯所接受的教育很有限，他不太可能意识得到他最喜欢的这句话承载了多么深远的历史意义。在工业革命早期，科技变革的反对者将矛头指向每一台他们能想到的机器，而这些机器大多提高了生产效率和产量。英国传奇人物内德·勒德是有些夸张工人阶级的破坏分子，捣毁了分布在英国乡村各处的羊毛厂中的珍妮纺纱机和其他一些纺织设备。这些无政府主义者的所作所为就如同他们那个时代的“占领华尔街运动”。1811~1813 年，这些所谓的“勒德分子”用锤头和斧子来宣泄他们对成千上万纺织机器的怒火，他们烧毁库房、引发食品暴动，并且谋杀了许多试图镇压暴乱的工厂老板和士兵。

美国境内虽然没有出现如此猖獗、倒退的本土恐怖事件，但是勒德主义的毒害通过其他方式表现出来。抵抗是毫无用处的，但是火石玻璃工人联盟和其他一些贸易工会尽他们最大的努力来阻止或者至少是减缓玻璃产业的自动化生产步伐。在世纪之交，欧文斯和利比并不是第一个或唯一的目标。大工会想出了各种各样的“强烈反对机械化”的策略来保住自己的工作，从惩罚那些使用自动装瓶机的普通工人，到组织拥有机械“卷缩机”的工厂的工人大罢工，再到提议以各种方式收购专利，却又无所作为。

在芬德雷的利比玻璃厂，随着一些制模伙计威胁要罢工，欧文斯设计了一台半自动的开模设备。他招募了车间铁匠詹姆斯·韦德来帮他制造这台机器。正如他在 1893 年 1 月被认证的第 489543 号专利中所描述的，他们创造了一台“自动化生产用于制作灯具、器皿并且能在成模操作中保证所需湿度的玻璃模具的设备”，由于在这个过程中，仍然需要人工吹制，因此它不是完全意义上的自动化。为了使开模的过程不依赖帮手，欧文斯设计出一种可以让玻璃吹制师使用的脚踏板。这项技术革新使得全行业大约 1 200 名模具工丢了饭碗，同时“也使一个等同 16 支蜡烛照明能力的白炽灯泡的价格从 55 美分降至 18 美分。这样一来，电灯便进入了千千万万普通美国人家庭”。怀着满腔热忱，加之商业伙伴利比的支持，欧文斯获得了更多关于自动化玻璃制造设备的专利，每一项专利的复杂性都大大增加，可以应用在玻璃瓶和玻璃灯罩的制造中。1895 年，欧文斯获得了一项用机器吹气取代人工吹气的“吹制机器”专利。他在他的归档文件中这样解释道：

> 迄今为止，在吹制玻璃的工艺中，必须要有一位吹制工匠，他将半成品人工吹制成需要的形状。还需有一位负责采集的伙计，他的工作是在吹制前将玻璃料放在吹管上，在半成品成型后去除多余的部分，并将其从吹管上取下来。

而这项发明无须吹制工匠，机器自己可以吹制玻璃，仅仅需要采集伙计确保玻璃料在吹管上，并把它放在设备上，当半成品成型后像往常一样取下来即可。

之后不久又出现了改良版的“机械玻璃吹制器”，这台机器使操作过程自动化了，并且通过曲柄、旋转轴、控制杆、有弹性的管子、可移动的塑形模具以及按照连接玻璃厂熔炉路径运行的汽车上的踏板这一系列复杂系统来移动吹管。欧文斯简要地指出了它的优势：

> 正如上述所说，在利用机械化手段实现吹制玻璃的过程中，不必再使用熟练劳动力。设备可以承担一切负重，

而且只需要一个操作人员，这样一来，人力需要可以大大减少，生产工作的效率得到了极大的提升。

然后，另一项科技突破促使欧文斯发明了一种可以将普通灯泡吹进碳膜模具的半自动化的巧妙机器。这种机器共有5个旋臂，每一个旋臂都带有一个机械化吹管和一个位于底部的模具。下面是它如何模仿人工吹制生产的过程：

> 将一团熔融状态的玻璃料置于管子上，用模具包裹住，进而压缩空气，将玻璃原料吹进模具。这种机器每5个小时就可以生产2 000个灯泡。虽然使用这一方法生产灯泡需要更多的工人，但他们不必是熟练的技工，这样一来还是降低了成本。

欧文斯透露，这种模具是可替换的，而且可以根据不同的用途调节其属性。这些模具包括玻璃杯和玻璃灯罩，之后得以在食品、软饮料、酒类和药品包装中推广开来的关键，在于这种设备保证了玻璃制品的标准化，而这是人工吹制方式不可能做到的。欧文斯写道，通过“对气压的绝对控制”，“机器制造出的产品质量远超之前生产的产品”。

欧文斯和他的工程师、设计师组成了一个空前的产业调查与发展小组。同时，利比提供了一个一流的法律团队来捍卫和执行属于他们公司的那些专利。他推动革新的经营许可和租赁合约，以此来扩大公司在国内外的市场渗透力。随着欧文斯的发明创造在规格和操作上变得愈加复杂精密，利比的商业帝国也在迅速发展壮大。1896 年，利比为了让欧文斯专注于发明，他对利比玻璃公司的资产进行了分割，成立了托莱多玻璃公司。他们的团队挖掘志同道合的玻璃制造发明家，通过交易买下他们的专利，或将其作为人才引进公司。营造专利交易市场的这种做法为发明活动和技术突破提供了更大的空间。经济学家内奥米·拉莫利奥克和肯尼思·索科洛夫指出这种革命性的专利交易使富有创造力的个人可以用自己的创意来赚钱，进而利用这些资金进一步专门研究他们的创新领域。

联合工会又一次试图威胁采用新型玻璃制造技术的人们。他们试图关闭一家购买了欧文斯玻璃灯罩机器使用权的匹兹堡公司，但是失败了。欧文斯不屈不挠，他走向了更大、更好的机遇。

欧文斯 40 年来沉浸在玻璃产业的工具、设备和制作工序当中，他用这些弥补了自身在接受正规教育方面的不足。而他在观念构想以及语言沟通上的天赋则弥补了他在艺术能力和设计技能上的缺陷。他在纸上和黑板上的效果图虽然很简易，但是借助出色的演说才能和使他跃居领袖地位的强烈人格魅力，他向施工者和工匠们成功传达了在他活跃的脑海中出现的那个机械装置。在口述完每一个细节后，他命令团队“付诸实践”。当一台用钢铁造就的可以高速吹制玻璃瓶的全自动精密发明的想法萌生后，他告诉了他的老板，然后拜访了圣安天主教堂的木伦贝克神父，和他分享了自己的新顿悟。

木伦贝克神父惊叹于欧文斯精致细腻、形象具体的描述，同时劝告他不要将想法透漏给太多外人：“就拿你告诉我的这些，我就可以出去找人造出这台机器了。”

接下来的5年中，欧文斯和他的主要工程师威廉·埃米尔·博克，在助手理查德·拉夫伦斯、比尔·斯文福尔、技工汤姆以及其他人的帮助下，日夜奋战在这个设计上。利比投入了50万美元来支持这项研究，并且耐心地对付其他争吵不休的高管，争取公司的利益。无论何时何地，欧文斯的团队都尽其所能地制造各种零件和模型：在办公室内，在利比拥有的其他工厂里，或是在博克的地下室，他们没日没夜地工作。多年后，他和一位记者开玩笑说：“你一定会笑话我们制造的第一台设备。”“但是基本的构想已经成形。我们现在制造的巨型机器就是由当初那个构想发展而来的。”最大的绊脚石是从熔炉里收集熔融状态的玻璃料的这个过程耗时太久，而从疯狂的提比略皇帝的罗马时代开始，这项工作都是由搬运工和采集伙计来完成的。欧文斯团队提出了“吸盘”的概念，欧文斯改进了这一想法，利用自行车气泵采集同等数量的玻璃料，然后注入模具中形成玻璃瓶的瓶颈。接下来，欧文斯让他的工匠将玻璃料转移到瓶身的模具中，以便利用“活塞的回程将玻璃吹制成适合的形状”。

严格意义上的第一个成功的产品是一个完美的 4 盎司的玻璃罐子，用来装凡士林油膏。他证明了自己的想法。1903 年，欧文斯演示了一台名为“四号”的实验机器，它由一个可旋转的原型支架和架子上的 5 个自行车气泵式手柄组成。这台多达 1 万多个零件的设备，一分钟内可以生产 8 个一品脱细颈啤酒瓶。1904 年，欧文斯以“玻璃成型机”获得了他历史性的专利编号 766768。这台机器“完全自动化”，可以在“没有任何劳动力干预”的条件下吹制（玻璃瓶或其他）不同形状的东西。一些蓄意阻碍的人试图阻止这项高效惊人的技术传播开来。然而，正如美国童工委员会所述，这项技术在终结童工虐待上的作用比任何政府法规都大，更不用说在饮料和药品中推广安全健康包装这一方面上所产生的有益影响。美国勒德分子摧毁了一家在俄亥俄州纽瓦克欧文斯专利授权厂生产的瓶子。工会工人抵制托莱多玻璃公司和一家利比新成立的公司——欧文斯制瓶公司，这家新公司同时生产制瓶机和瓶子。

但是进步的浪潮不会停止。

到 1900 年，同道实业家、发明家威廉·佩因特的美国皇冠公司为欧文斯瓶提供瓶塞。这种协同作用也彻底颠覆了饮料行业。制瓶企业的成功创造了大量的就业机会，促进了无数相关制造领域的经济增长。利比接到了大批的生意，涉及玻璃容器厂、模具制造商、沙石厂、纸箱企业和熔炉企业。针对刚刚起步的企业，他的机器在加拿大、墨西哥、英国、德国、荷兰、奥地利、瑞典、法国、丹麦、意大利、挪威、爱尔兰、日本都有生产授权。欧文斯继续钻研，并改进这些机器，以他名字命名的制瓶公司生产出成百上千的新产品。欧文斯在自己的专利文件中明确指出，玻璃成型机并不仅限于制瓶生产。在接下来的 10 年里，从玻璃器皿到加仑大小的包装机，他将让成型机的适应性拓展到各个生产领域。

欧文斯说，随着企业蓬勃发展，“我们仍然在寻找新的方向”。毕竟那将是“成为历史的成就”。“没有什么是已完成的，终结的。”这位热爱钻研的人若有所思地说。

《陶器与玻璃杂志》报道，在初次吸收合并 50 万美元优先股和价值 250 万美元的普通股后，欧文斯的公司在 1919 年的总市值为 2 700 万美元。在让股东赢利的同时，公司产品将瓶子的价格从降低 25% 到降低 50%，全世界和股东都从中获利。到 1923 年，自原始自动化机器首次成功实验 20 年后，在美国境内生产的玻璃瓶中，每 100 个就有 94 个是机器生产的，要么是欧文斯制瓶机生产的，要么是其他半自动化设备生产的。

他们仍然继续证明“不可能做到”的事是可以做到的。

回到未来：柔性的复兴

还记得那个倒霉的发明家带着不会摔坏的玻璃给忘恩负义的疯狂皇帝提比略看，最后丢了脑袋的故事吗？他的作坊和秘诀可能早就遭到了毁灭，但是他大胆的创新精神却注入后来的两个世纪的玻璃历史之中。1922 年，另一位大胆的发明者举办了一次耐用玻璃的展示，他叫迈克尔·欧文斯，他向一名记者举起了一个 1 英尺宽、3 英尺长的玻璃长条，断言道："这在现代玻璃制造史上是最有趣的进步之一。"他在解释一位宾夕法尼亚州的化学家是如何开创夹层玻璃的时候，欧文斯惊叹道："它的不同寻常之处在于不会像普通的玻璃那样发生碎裂，到处乱飞。让我展示给你看。"

欧文斯拿起了一把很重的剪刀，把它重重地砸向玻璃六七次。尽管出现了一些细微的裂痕，但是他的玻璃长条仍然保持完好，没有断掉。这对汽车的安全性的影响是显而易见的。

但问题是分层的过程需要一种全新的平板玻璃的制造方法，因为要在两块玻璃之间隔一个透明的夹层。过去的 2 000 年中，工匠们都是用吹制玻璃的方法来制作窗户，"圆柱体的一面被切割"，欧文斯解释道，再加热铺平，"然后玻璃就会变平"。这种方法除了无法保证完全平坦的问题之外，古老的、费时的、不可靠的窗玻璃的生产技术还有一个弧度的问题。这种生产方法必须被淘汰，但是这可能吗？

率先获得专利的工程师兼发明家是欧文·科耳班，他实现了真正的平板玻璃的生产及自动化技术。他用一个连续不断的单片来制作玻璃的灵感迸发于某一天早餐的瞬间：

> 科耳班的灵感来自他吃薄饼的时候。他注意到在他切下薄饼后举起刀的时候，糖浆会黏附在刀刃上。他突然想到，一块熔融状态的玻璃也可以用类似的方式拉起来。在他的机器上，玻璃从液体槽里面用一个钩子（铁条）拉出来，用钢辊辗压，然后通过使用电动马达的传送带推入退火窑。

科耳班同样面临利比和欧文斯遇到的财政困难和工会阻挠。但是他没有做这件事的资金，他没有像利比和欧文斯那样创造一个具有批判性的企业联盟。现有的平板玻璃生产厂家不愿意看到科耳班打破垄断。劳工骑士团反对他，数十家玻璃公司也断然拒绝了他。为了梦想四处奔波的科耳班最终找到了欧文斯，欧文斯热情地接受了这个标新立异的想法，利比再次无视了企业集团中的反对者而支持了欧文斯和科耳班。

1912年，他们批准了欧文斯的建议，花15 000美元购买了科耳班的机器和专利。欧文斯把注意力全部集中在科耳班机器的关键性缺陷上，踏上了一条全新的、永无止境地追求提升和完美的道路。与科耳班的合作和亲密的友谊给欧文斯带来了全新的圈子：他在家乡西弗吉尼亚州建立了一个全新的平板玻璃生产工厂。可惜的是，科耳班于 1917 年 9 月去世，距离该工厂正式进入商业生产仅差一个月。但是，欧文斯和利比还在继续。

两人成立了一个新公司，叫作利比欧文斯平板玻璃公司。销售团队迅速而又高效地向外宣传“技术突破”。三年后，该公司报告的利润为 420 万美元，欧洲的销量处于井喷状态。多次成为百万富翁之后，欧文斯和利比开始分别追求自己热衷之事（欧文斯追求高尔夫和天主教的慈善工作；利比则去搞艺术收藏，成立了世界级的托莱多艺术博物馆，进行慈善事业，以及旅行）。但直到去世，他们都一直在携手经营着他们的生意。

欧文斯去世了好像还活着：在工作中。

1923 年 12 月的欧文斯瓶装公司的董事会议上，当他正在激情洋溢地提出一个新的发展建议时，心脏病突然发作。利比慷慨地赞扬他的伙伴：“他自学成才，是一个在发明过程中有着超常逻辑能力的学生，具有敏锐的眼光和视野。欧文斯先生可以被称为这个国家前所未有的伟大发明家之一。”

利比在两年后的一场肺炎中去世。他们死后，利比欧文斯平板玻璃公司与爱德华·福特平板玻璃公司合并成立了一个新的利比–欧文斯–福特公司，该公司为福特汽车公司的 A 型汽车生产了世界上第一块夹层式汽车安全玻璃。不断试验的利比—欧文斯–福特公司试验人员后来在 20 世纪 40 年代推出了住宅太阳能电池板，并且制造了纽约帝国大厦的玻璃。

该公司还发明了瑟漠潘双层隔热窗玻璃，那是华盛顿特区的国家档案馆使用的防碎玻璃，以保护《独立宣言》初稿和《美国宪法》不被偷走，它们标志着美国开国元勋孜孜不倦地推动美国制造业和发明在实用工艺方面的进步发展。

玻璃的发明者一直都面临致命的危险和持续不断的外在威胁，从提比略到穆拉诺岛，从革命战争到后殖民地的美国。玻璃行业中标新立异的创新者被反对者和竞争者攻击，被抨击“不可能做到”，或被禁止做这些事情。爱德华·利比和迈克尔·欧文斯联手证明了创业成功的永恒公式：雄心、利益动机、创新力、应变能力和对完美永无止境的追求。

第 9 章

完美合作：威斯汀豪斯、特斯拉和尼亚加拉大瀑布的故事

照片由纽约特斯拉纪念协会友情提供

尼亚加拉大瀑布差点儿吞没了我孩童时期养的狗，那只狗叫布默。

在我八九岁的时候，我和家人在纽约州立公园参观横跨美国和加拿大边境的水上传奇。带着白色蓬松卷毛狮子犬，我们在彩虹桥附近登上了著名的“雾中少女”号。当游船经过美国瀑布进入马蹄瀑布的底池时，水雾慢慢变成了强大的喷雾。船员给我们分发了兼具纪念品意义的塑料雨衣，但是根本没用，我们还是被淋湿了。我永远不会忘记瀑布带给我的冰冷的冲击。从远处看，瀑布风景如画，可一走近，那瀑布便狂乱地朝我们迎面倾泻而下。我也永远不会忘记，水流从13层楼高的地方在我们眼前以高屋建瓴之势倾盆而下发出的雷鸣般的水声。

瀑布每秒的流量大约是60万加仑，差点儿吞没了我们的宠物。不知道是被附近的骚动惊到了，还是太渴了想喝水，我家的宠物骤然扭动脱离了我妈的掌控，一下就跑了几英尺远，然后一个趔趄越过了船舷，扎进了漩涡中。

“布默！”我们尖声大喊，但是我们的喊声瞬间就被瀑布的咆哮声湮没，“布——布默！”

6双手齐齐伸出来，才把它拉回安全的地方。带着那只还在颤抖的湿漉漉的蜷缩成球状的宠物狗，我们下了船。尼亚加拉大瀑布的可怕力量让我们敬畏、谦卑，甚至感到恐惧，雨衣都吓掉了。

在我还是一个孩子的时候，我觉得大自然的这种让人震撼的力量是人力不可能掌控的。我现在仍然这么觉得。然而，两位伟大的先驱确实做到了，驾驭了这个惊人的瀑布，他们的命运注定要有交集。在尼亚加拉，身为实业家和发明家的乔治·威斯汀豪斯和科学家兼工程师尼古拉·特斯拉率先建立了第一大水力发电厂，点亮了世界。他们两个都是多产的天才，而且都富有远见。特斯拉在 19 世纪后期加入威斯汀豪斯和他的天才工程师团队，向他们展示了高效、廉价且颇具商业价值的交流电的优越性。当他们把知识和创业拧成一股力量时，技术变革的火花便可燎原。

“电流之战”的故事在历史爱好者中广为流传。众所周知，对战双方是威斯汀豪斯及其公司和托马斯·爱迪生及其散布恐惧的宣传机器，爱迪生是直流电的推崇者。爱迪生和他的团队极力宣传他的直流电系统（在该系统里，电流流往单一方向），他们认为应把这个系统作为输送电的标准系统。而威斯汀豪斯和他的团队则支持交流电，认为交流电对于长途电力的输送更加有效。和直流电不一样，交流电的可变电流可以通过电压高又便宜的电线，然后经由变压器轻松降至用户生活用电的低电压。受到来自交流电优势的威胁，爱迪生发起了对对手报复性的诽谤。（想进一步了解托马斯·爱迪生是如何通过电击动物来攻击威斯汀豪斯、特斯拉和交流电的话，尤其要看格伦·贝克写的《奇迹与屠杀》。）

然而，大多数学生永远都不会了解的是，威斯汀豪斯和特斯拉之间互利互赢的关系如何长远地造福了全人类。民间资本、个人创新力、正直，以及对知识产权持久的尊重加强了威斯汀豪斯和特斯拉的联盟。这两个雄心勃勃的商业和创新巨擘不仅体现了美国人的聪明才智，更体现了美国最独特的一面。

特斯拉拥有交流感应电机的核心理念和专利，威斯汀豪斯则懂得工程技术方面的诀窍，拥有这方面的产业资源，可以把特斯拉的想法转变成一个实际可以发电、输电、变电和配电的系统。正如威斯汀豪斯的团队后来称道的，这是一次“完美的合作”，它是一次战略联盟，更是个人与个人纽带联结的开始，这次合作哪怕是到今天，也一直给人们带来无数益处。每当你把一件平凡的家用电器——床头灯、闹钟、吹风机、真空清洁器——通过插座和一个同样普通的双孔电源插座通上电的时候，你就在享受特斯拉和威斯汀豪斯留下的或独立或联合的遗产。

通往尼亚加拉大瀑布的电力之路本身就足以被称为史诗。正如你所看到的，他们共同开创的无数出人意料的道路，代表着真正的不朽。而他们之间的友谊，建立在相互尊重、相互钦佩和无可挑剔的人格之上，是一段永垂不朽的佳话。

“队长中的队长”

大多数传记都会从人物的生活开始讲述，但是我想暂时跳过这些，直接说结尾，讲述特斯拉为威斯汀豪斯写的悼词和赞歌。经过和心脏病顽强的抗争后，威斯汀豪斯于 1914 年 3 月 12 日在纽约离世。特斯拉回忆道，他第一次碰到自己的这位朋友、伙伴和同事，是为了《电的世界和工程师》杂志的一期纪念特刊：

> 第一印象往往会让我们在之后的生活中念念不忘。想起乔治·威斯汀豪斯，我常想起他 1888 年出现在我面前的样子，那是我第一次见到他。虽然从外表看他不怎么活跃，但即使是最肤浅的观察者，这个人身上潜在的力量也是显而易见的。

和特斯拉一样，威斯汀豪斯身高 6 英尺多。这位来自匹兹堡的实业家不抽烟、不喝酒、身材魁梧、健硕，似乎不为别的，只为了自己生命里那惊人多产的最后几年。当特斯拉在晚宴现场和当时文化界的文学巨擘（从马克·吐温到吉卜林，再到安东尼·德沃夏克）觥筹交错时，威斯汀豪斯却更喜欢待在家里。他喜欢招待他的同事们，许多还是他的学弟学妹。当特斯拉来拜访时，两个天才会很早起床洽谈业务。到了晚上，他们会一起享受难得的娱乐时光打打台球。特斯拉说他的这位朋友有着用不完的精力：

> 健壮匀称的体格、协调有力的四肢、清澈明亮如水晶般的眼睛、轻快且富有弹力的步伐——他给我们展示了一个难能可贵的健康有力的身躯。就像森林中的一头狮子，他呼吸着从自己工厂里排放出来的、带着烟味的空气，深沉而愉悦。虽然已经40岁出头了，他仍然有着年轻人的激情，总是面带微笑，态度谦和有礼，他和那些我碰到的粗犷的人站在一起形成了鲜明对比。

面对自己的妻子玛格丽特时，他是一个百依百顺的丈夫、一名真正的绅士。但是正如特斯拉宣称的，在威斯汀豪斯内敛、儒雅的外表下，是一个战士的灵魂：

> 他在法庭中的表现，没有哪句话是让人反感的，没有哪个动作是让人觉得受到侵犯的，不管是举止还是言语，都如此完美。
>
> 当他的斗志被激起的时候，没有比威斯汀豪斯更凶猛的对手。在生活中，他是运动员，而在面对不可逾越的困难时，他就会变成一个巨人。
>
> 他喜欢和困难做斗争，而且永远不会失去信心。当别

人在绝望中放弃时，他却成功了。如果他被转移到另外一个星球上，即使那个星球上的一切都阻拦他，他也会走出自己的一条求生之路。他自身的条件让他很容易就成为队长中的队长，领导中的领导。

当特斯拉在 1888 年和威斯汀豪斯见面时，这位“队长中的队长”已经发明了铁路辙叉，可以让火车很顺利地变轨；还发明了车辆复轨器，可以引导脱轨汽车回到轨道上；以及革命性的三阀铁路空气制动装置，这种装置一开始是“直的”，利用空气软管来连接车子，然后演变成一种很受欢迎的自动化系统，使用空气压力制动。接下来，为了适应快速启动和电磁动力的使用，这种装置又得到了一些改进。他还成功地创办了威斯汀豪斯气闸公司、威斯汀豪斯机械公司（主要生产蒸汽涡轮机和船用发动机）和西屋电气公司（最初主要生产灯具和照明系统），并在法国、英国和德国等地开设分公司和工厂。此外，他还率先发明了挽救生命的铁路信号和交换系统，成立了联合开关和信号公司，并且为摩擦牵引装置申请了专利，取代了原来的车辆耦合弹簧。

如果这一切还不够的话，威斯汀豪斯在他的“空闲”时间还投入精力了解天然气领域。他在报纸上阅读了一篇关于在匹兹堡发现的新型清洁燃烧能源的文章后，便着手攻克这个新兴市场中的运输、计量以及安全等问题。在他自己的庄园里，这个被他称为“独苑”的领域，他开始用自己做的工具钻研。让他的妻子和邻居们震惊的是，在一次用火实验后的爆炸中他自己的房子差点儿被烧毁。持之以恒和工匠精神是他的标志，这种特质不仅为他自己、为使用天然气的住户和工厂带来了成功和便利，更为整个行业和科学做出了贡献。他发明了很多安全装置以减少高压带来的危险，他还发明了气阀、调节器、仪表和钻探技术。有关天然气的生产和配送，威斯汀豪斯拥有将近40项产品及其改进版的专利。1884年，他创立了另外一个公司——费城公司，专门为宾夕法尼亚州和西弗吉尼亚州提供天然气。这个公司为家庭和企业提供光、热和电，生产和运输来自西弗吉尼亚州草原的原油，经营匹兹堡的街轨，并监督着正蓬勃发展的电力和照明产业。

当威斯汀豪斯还是一个小男孩的时候，他就显示出了自己在力学和工程方面的天赋。他的父亲也是一个发明家，他整天在父亲的机械加工车间“鬼混”，还捣鼓出自己的莱顿瓶——一种自制电容瓶，通常使用金属箔制成，用来储存容器内部和外部两个电极之间的静电电荷。（本杰明·富兰克林曾经在他著名的风筝飞行电力实验以及在鸡和火鸡的触电研究中，都使用过玻璃莱顿瓶。）威斯汀豪斯16岁时，美国内战爆发，他参军了，一开始在步兵和骑兵部队服役，后来被调配到海军部队，成为海军的工程师军官。他从战场回家后，虽然他的父亲当时主动提出支持他读大学，但是威斯汀豪斯更想直接参加工作。19 岁的时候，他获得了自己的第一项专利——回转蒸汽机。

早期和机械的接触，年轻时作为军人“锻造”出铁的纪律和根深蒂固的习惯，两种经历结合起来，为威斯汀豪斯奠定了一个很好的发明和创业的基础。“我早期最大的资本就是经验和技巧，那些东西都是我年轻时在与机械相关的各种各样的机会中获得的。”他曾经解释道，“加上后来参军时学的课程，我懂得了作为一个军人需要服从纪律，我也领会到无论如何都要执行上级指令的要义。”

但是威斯汀豪斯不会一直听从别人的指令，他生来就是发出指令去领导别人的。他在商业和管理上的天赋让他有别于普通人。“他很会驱使人，”《电世界》的主编评论道，“但是没有人能像他那样狠狠地驱使他自己。除了强大的内心，他最大的资产就是他鼓舞其他人的能力。”

在特斯拉为这位工程师中的“队长中的队长”写的悼词里，他总结了威斯汀豪斯发明的影响，并向他致敬：

> 他的一生是传奇的一生，成绩斐然，成就颇丰。他献给这个世界的是大量价值连城的发明和改进。他开创了一个新的行业，使得机械和电力工艺更加先进，并在很多方

面改善了现代生活的条件。

他是一个伟大的先驱者，更是一个建设者，他的成就对他所在的时代具有深远的意义，他的名字将流芳百世。

毫无疑问，威斯汀豪斯会同意对他的这段闪亮的描述，其实这段描述反过来用以形容特斯拉对世界的贡献也非常合适。在特斯拉和自己分道扬镳之后很久，威斯汀豪斯依然一直支持他的朋友，并保持通信。几个威斯汀豪斯公司的工程师后来还继续和特斯拉一起研究，并向他请教。特斯拉住在位于 34 街和第八大道交界处的纽约宾馆时，食宿费一直是由威斯汀豪斯的公司支付的，直到他 1943 年去世。

“世界上最伟大的电气工程师”

和威斯汀豪斯一样，当特斯拉还在他的家乡克罗地亚的一个叫斯米连的乡村时，他很早就开始拿着器械修修补补——拆钟表，自制时尚钓鱼竿，缠线抓青蛙，发明一种玩具枪，修理家乡的消防车，摆弄电池，用水涡轮机、泵和电机做实验。其中有一个恶作剧味道很浓的电机，就是把倒霉的“五月虫”（在美国叫六月虫）固定到一个像风车的小东西上。特斯拉很风趣地讲述了这次发明导致的不幸：

> 我会把 4 只虫子粘在十字架上，然后把十字架固定在一个很薄的主轴上，这样就能把同样的能量输送到一个大圆盘上，产生相当大的动力。这些生物非常有效率，它们一旦开始就根本不知道要停止，它们会一直旋转好几个小时，而且天气越热，它们就干得越起劲儿。一切都进行得很顺利，直到有一个很奇怪的男孩到了这个地方。他是奥地利军队里一个退休军官的儿子，那个家伙生吃了所有的虫子，仿佛在吃最美味的蓝点牡蛎那样津津有味。那恶心的一幕让我没有继续在这个前景良好的领域钻研下去，而且因为那件事，我从此以后再也不碰那种虫子或者其他昆虫。

年轻的“尼克”是一个数学天才，有着如照相机般精准的记忆，并且精通 6 门语言。他的妈妈是一个塞尔维亚家庭主妇，在机械方面很有天赋，经常自制家用电器，比如打蛋器；他的爸爸是一个博学多才的塞尔维亚东正教牧师，每天会训练特斯拉在数学和文学上的素养，以加强他的逻辑能力和记忆力。看到一张著名的尼亚加拉大瀑布的照片以后，特斯拉告诉一个叔叔，他的梦想就是在这个瀑布上装一个强大的水轮机，来驾驭它的能量。特斯拉十几岁的时候感染霍乱，卧床近一年，医生至少三次已经放弃治疗，认为他活不下去了。他后来一直声称是马克·吐温那些迷人的书籍让他有信心挺了过来。

几十年以后，特斯拉仍然把马克·吐温当作自己最亲近的朋友，当这个发明家告诉马克·吐温他写的小说是怎么样救了自己的生命时，马克·吐温泪流满面。那之后不久，尼亚加拉大瀑布水力工厂就成为特斯拉的标志性成就。

他人生的道路并非一马平川、富贵荣华。他自己也承认赌瘾几乎毁了他。而且，他对声音和光线过敏，常年要和几乎令他崩溃的神经错乱做斗争。备受折磨的特斯拉描述自己少年时期的苦痛时说自己的眼前总会出现一些栩栩如生的画面，“还经常伴随着灯光的闪烁”，并且每一幅画面“都会定格在我眼前，不管我多努力想摆脱它们”。这些阴魂不散的精神病现象对于他自己来说是诅咒，对于整个世界来说却是福音。1882年，当特斯拉在布达佩斯公园时，老毛病又犯了，可这次他的幻觉似乎很有预见性，让特斯拉一下子就想到了交流电动机的工作原理和它的旋转磁场。他在自传中写道：

> 这种想法向我袭来，就像一束闪电，几乎在一瞬间我就知道了原理。我用一根棍子在沙滩上画了一些图表。6年后，我在向美国电气工程师学会的工程师们演讲时展示了这些图表。

在托马斯·爱迪生的巴黎分公司当了一段时间的移动修理工之后，特斯拉已经建造了他自己的第一台交流电动机。当然，电动马达把电能转化为机械能。当磁体互相排斥和吸引，就会产生动力，并进行旋转运动。

下面简要介绍一下电动机是怎样运作的：

电动机的“心脏”是转子或“衔铁”，这个东西是将细导线缠绕在一个金属芯的两个或多个磁极上而制成的。转子被安置在两个用磁固定的场磁铁中，形成“定子”。电磁之间的相互排斥和吸引就会促使转子旋转并且产生扭矩（一种稳定的旋转能量）。电流会恒定地往一个方向流动（直流电）或者来回地震荡运动（交流电）。直流电动机使用换向器（通过一根轴附着在转子上的一对金属板）和刷子（和换向器接触的金属片或碳片）从而产生扭矩。在非交流电动机里，滑环是用于将转子连接到外部电路上的。

正如特斯拉阐述的，他的交流电动机解决了一个他一直在思考的问题，这个问题他在欧洲读大学时就开始思考了，那就是换向器带来的危险火花该怎么处理。没有改变转子的磁极，特斯拉改变了定子的磁场，这样就不需要换向器了。

感应电动机是在交流电下工作的。不像直流电动机，它没有换向器，也不像交流电动机，它没有滑环。和刚刚提到的两种类型的电动机相反，感应电动机的场电流是不稳定的，但是通过感应，电流本身会一直围绕着转子或衔铁旋转，作为电动机唯一的运动部分，转子一直在旁边缠绕着电流。没有换向器也没有滑环，所以感应电动机永远不会冒火花。它也不会有

“刷子”的问题，因为它耐用，所以也不需要时时关注，只需要注意轴承的磨损问题，这样它的效率也更高了。

特斯拉打算用他在法国为爱迪生工作得到的奖金创立一个公司，把自己的心血结晶推向市场。不知为何，也许是一时疏忽，也许是太幼稚，抑或两者都有，他很快就失败了。但是他没有气馁。1884 年，他带着 4 美分、一本诗集和口袋里的一封介绍信，移民美国，寻求机会。爱迪生引诱他回纽约继续直流电的研究。这位雄心勃勃的移民一心投入工作，他为公司开发了 24 种机械。

“近一年的时间，我的日常作息都是从第一天上午 10 点一直工作到第二天早上 5 点，没有一天例外。”特斯拉回忆道。

然而，又一次，爱迪生的公司亏待了这位天才。支付 5 万美元给这位发明家的承诺“结果只是一个玩笑”，他后来写道。于是他辞职出来创立自己的公司——特斯拉电灯与电气制造公司，该公司为新泽西州拉威建立了城市交流电“弧光灯”系统。令人痛心疾首的是，特斯拉的投资者对真正的引擎——推动这位发明家前进的交流电动机——并不感兴趣，而且在特斯拉还不知情时，他就已经被赶出自己的公司了。

“那是我受到的最沉重的打击。”他在回忆录里直言。他遭受了“可怕的头痛，流下了苦涩的泪水”，更别提令人羞耻的赤贫。特斯拉在西联汇款找了份挖沟渠的工作，来维持生活的开支。在那里，他碰到了一个对电气很感兴趣的工头，这个工头把特斯拉介绍给了很多律师和商人。这些人都和银行家J·P·摩根有联系。在一次重要会议上，特斯拉说服了几个关键的投资人来资助他建立一个新的实验室，研究交流电。思维敏捷的特斯拉用“哥伦布之蛋”的故事抓住了他们的想象力。

相传，克里斯托弗·哥伦布遭到了西班牙宫廷里伊丽莎白女王手下嫉妒他的贵族们的谴责。批评者嘲笑他对于西印度的发现，并且嘲讽他的这个成就一点儿意义都没有，因为不管怎么样，总会有人碰巧发现这个岛的。为了讲明“一个很困难的任务在完成后往往看起来是很容易”的这个道理，哥伦布对那些质疑者发出挑战，让他们不能借助任何道具把一个鸡蛋立起来。等到贵族们都失败了以后，哥伦布轻松地捡起鸡蛋，温柔地拍了一下，然后把鸡蛋一端的壳打破，这样鸡蛋就立起来了，哥伦布好好地愚弄了他们一番。乍看之下，多么简单啊。随后，伊丽莎白女王据说是典当了她的珠宝，筹集了她能力范围以内尽可能多的财富，为哥伦布提供了经济支持。

特斯拉抓住著名的“哥伦布之蛋”这个故事的视觉效果，向富人们展示了现实中旋转电磁场的工作原理。他提出自己可以像哥伦布那样让一个鸡蛋直立，但是不会让鸡蛋表壳出现一点儿裂缝儿。

“如果你能做到这一点，我们就承认你比哥伦布更厉害。”潜在的投资者告诉特斯拉。

“那么你们会愿意像伊丽莎白一样踏出那一步来资助我吗？”特斯拉问道。

“我们没有皇冠珠宝来典当，”律师们回答道，“但是，我们的裤兜里还有一些金币，可以在一定程度上帮助你。”

为了他迄今为止最重要的一次营销示范，特斯拉把一个铜蛋放置在一张木桌上。铜蛋就代表着他的交流感应电动机的转子。在桌子下面，特斯拉装了一个环形的金属芯，并在它周围缠绕了4个电磁线圈。这样的旋转场环产生了一股电磁力，使鸡蛋越转越快，直到它立起来，就像特斯拉承诺的那样，立在鸡蛋的中心主轴上。特斯拉做到了自己承诺的事，投资者们也达成了共识赞助特斯拉。特斯拉电力2.0诞生于曼哈顿的一个实验室里，该实验室位于自由大街89号，离对手爱迪生的公司不远。

1888年5月，在参照结合了交流电、变压器、发电机、变速器和照明灯的原理后，特斯拉进一步开发了一种多相感应电动机，并且为自己的这个系统获取了7项历史性专利。（“多相”是指使用多种不同步交流电的电动机——换句话说，这些电流都互相异步。）几个星期以后，让专家和公众欢呼的是，他在美国电气工程师学会发表了里程碑式的演讲，讲述了他自己的发明和所做的改进。这位“电气狂人”最终赢得了他应得的尊重、声誉和关注。

但是这位“世界上最伟大的电气工程师”把交流电的好处引入我们的生活的工作才刚刚开始。这个世纪最伟大的工程师队长、专利律师和机械师，都将一起见证这项工作的进行。

“威斯汀豪斯的方式”

同时身为发明家和企业组织者，威斯汀豪斯终生都坚信应该为创造者的劳动和创意提供补偿。他有一个专利律师团队，每天都严谨地工作，保护和捍卫公司自己的专利和商标——并且也同样努力地尊重别人的权利。他们认为这是一项伟大的事业，是正确的事。因为他自己在发明方面的才能和商业头脑，威斯汀豪斯积累了足够的资源，有足够的资本出手支持那些有着共同的目标、远大前程和潜能的工艺创新者的创意发明。

在特斯拉到来之前，威斯汀豪斯的电气公司就一直在开展有关交流电的前沿研究。1884 年，公司聘用了威廉 · 斯坦利，他曾经建立了自己的单人实验室，并且设计了能自动调节的发动机和有碳丝灯芯的白炽灯。在威斯汀豪斯的匹兹堡研究中心，斯坦利和艾伯特 · 施密德、本杰明 · 拉米、路易斯 · 史迪威、奥利弗 · 沙伦伯格和查尔斯 · 斯科特等人一起完善了他的一些关于交流电的想法。

斯坦利在 1885~1886 年为威斯汀豪斯公司开发了第一个商

用电力变压器，并且和美国对交流电的批评者们进行争辩和斗争。变压器能很容易改变电压，使得电厂能够长距离输送高压交流电。施密德负责监管机械的实际建造，从铁路电动机到旋转转换器，再到感应电动机。拉米凭借在工作中做出的改进获得了 162 项专利。史迪威发明了电压调节器。斯科特致力于变压器和电力运输的研究。沙伦伯格在独自研究了几个月特斯拉发现的电磁感应原理后，发明了电表。

同时，乔治·威斯汀豪斯沉浸在交流电的研究和科学文献中，并监督自己团队的进展。在欧洲的时候，他就注意到意大利科学家伽利略·法拉利在交流感应电动机方面的研究，以及他独自开发的一个多相感应电动机。1888 年春夏，也就是在特斯拉向美国电气工程师学会发表公开演讲之前的几个月，威斯汀豪斯也了解吕西安·戈拉尔和约翰·狄克逊·吉布斯在交流电的配电和输电方面的开创性进展。1885 年，威斯汀豪斯的法律团队决定收购戈拉尔和吉布斯的外国专利在美国的代理权。威斯汀豪斯的工程师立即着手改进单相交流变压器，以用于实际的商业用途。

对于特斯拉来说，和威斯汀豪斯的交易是双赢的。经过几个月的协商，他去了匹兹堡，为他那价值 50 万~100 万美元的专利商定现金、股票和专利税的相关事宜。最后的专利税商定为每马力 2.5 美元，这真是一笔非常慷慨的交易。特斯拉把这笔收益拆分成两部分，分别给了他在研发和改进中的两个最重要的经济支持者。这两个人是律师查尔斯·佩克和商人阿尔弗雷德·布朗。作为协议的一部分，特斯拉同意在威斯汀豪斯的电气团队完善系统，并且在为商业售卖和运输做准备的这一年里和他们待在一起。特斯拉的朋友马克·吐温是一个坚定的发明倡导者，他很有先见之明地点明了这项交易的历史意义：

> 我刚刚看到了那个电机的图纸和描述，最近特斯拉先生刚刚凭借这个机器获得专利，他要把这台机器卖给威斯汀豪斯的公司，这将会给电力世界带来一场革命。自从电话发明以来，这是最有价值的一项专利。

作家和技术爱好者马克·吐温在特斯拉位于纽约城的实验室里

不可避免，在位于匹兹堡市中心的威斯汀豪斯加里森巷实验室里，偏执的特斯拉和一些年轻工程师起了争执。他们在相位和频率上出现了分歧。他们在设计上做了一些改变，在转子上增加了更多的铜线，把电动机中心的转炉钢换成了铁。他们还开发了一个标准定子框架，这样就能更加高效地铸造和运转。这个队伍不辞辛劳，没日没夜地为增加这个系统的商业可行性而修修补补。

为了设计一个实用的系统，并且把它标准化，这些辛劳都是必需的，可是特斯拉不耐烦了。一年以后，他放弃了优良的研究条件，离开实验室，去了纽约。他继续自己的专利之路，并且发现了更具革命性的霓虹灯和荧光灯、高频设备、振荡器

和著名的特斯拉线圈的方法和机制。这些设备为无线电、X光射线，以及无线电传输的发展铺就了道路。在这张惊人的照片中，马克·吐温在特斯拉的实验室里摆弄磷光摄影设备，并且利用特斯拉线圈让电流经过他的身体以此点亮台灯。特斯拉带着他令人目眩的灯光表演前往欧洲，向肃然起敬的人们发表演讲。

当特斯拉回来的时候，威斯汀豪斯请他提供援助，因为威斯汀豪斯的团队要参加 1893 年于芝加哥举行的哥伦比亚博览会，并力争获得工程项目的胜利。威斯汀豪斯在机械大厅的交流电中心电厂共发电 12 000 马力，为博览会上的 172 000 盏白炽灯、电动机和圆弧照明系统供电。这些设备的光芒激发了人们的灵感，于是人们称该地为“白城”。威斯汀豪斯的工作团队全程负责了博览会的接线工程。和特斯拉一样，利用感应电动机、发动机、变压器、直流电旋转转换器和一个铁道用电机，威斯汀豪斯建立一个完整的、可以运作交流电的多相系统。特斯拉则负责一种高频动力的无线磷光灯的展出，同时他也展示了他的“哥伦比亚之蛋”——那后来成为博览会上最受欢迎、最吸引人的一个项目。

格罗弗·克利夫兰总统主持了那一年 5 月 1 日的开幕式。

轻轻一碰，给予这次盛大的博览会以生命的机械现在将正式启动。所以，此时此刻，让我们满怀希望与激情，唤醒这份力量。在未来，它将影响人类的福利、尊严和自由。

克利夫兰摁下按钮，启动了威斯汀豪斯–特斯拉制作的机器。电动喷泉和电子钟都被打开。700多面美国国旗缓缓升起。加农炮响起来了，一支管弦乐队开始演奏出自亨德尔所作的弥赛亚的“哈利路亚大合唱”，然后又带领人群唱起了振奋人心的美国国歌。

威斯汀豪斯和特斯拉是上天赐给这个世界的礼物。但是自古就没有人愿意在以前的成就上停滞不前。在这一切的背后，威斯汀豪斯的团队已经签署了具有里程碑意义的合同——为尼亚加拉大瀑布水电厂提供交流电。这项民营投资项目由“瀑布”建筑公司的纽约金融家爱德华·迪安·亚当斯主导，并得到了富家子J·P·摩根、约翰·阿斯特和威廉·范德比尔特的支持。一些杰出的科学家和工程师出任委员会主席，监管工程的提议和实施。其中，有一位著名的英国物理学家，开尔文勋爵，他非常有影响力，曾经和托马斯·爱迪生一起痴迷于直流电——直到他在 1893 年参加了哥伦比亚博览会，亲眼看到了威斯汀豪斯和特斯拉取得的突破。他在了解第一手资料之后，终于转向支持交流电。

为威斯汀豪斯作传的作者亨利·普劳特肯定地说：“1893 年哥伦比亚博览会最大的成就是消除了人们对多相交流电实用性的严重怀疑。虽然在尼亚加拉大瀑布进行的演示还没有进行，但是这次世博会肯定了这场演示是一定会到来的，所以它在工业史上具有划时代的意义。”

然而，在他们能够让美加边境的瀑布通电之前，威斯汀豪斯和特斯拉踏上了前往落基山西部的险峻之旅。

“特柳赖德的考验”

据当地传说，科罗拉多州的特柳赖德滑雪胜地（Telluride）并不是因为在金矿里面找到了矿质混合物“碲化物”（tellurium）而得名。据说该名字来源于一句嘘声“骑着去死吧！”（To hell you ride！）这是当地知识渊博的居民在 19 世纪末对那些追求财富的探索者说的话。当时那些探索者不远千里，朝着圣胡安山脉南部的一个采矿小镇的方向，踏上了一条凶险无比的路。从 19 世纪 70 年代到 19 世纪 90 年代早期，对于那些从这场跋涉中活下来的掘金者来说，那个海拔很高的小村庄简直就是天堂。特柳赖德的矿井到处是金、银、铅、铜和锌。1890 年，里奥格兰德南部铁路车站建在了人们往常骑行的山路上，这进一步刺激了当地经济，增加了当地常住人口。

在这次“特柳赖德之热”里，有一个成功的例子，那就是俄亥俄州的一个由农场男孩转变成商业大亨的人，吕西安 · L ·（“L.L.”）纳恩。这个毕业于奥伯林学院的法律系研究生看起来不像一个会去开发边疆的人——他秃顶，很瘦，不到 5 英尺高。但是纳恩就像是一个创业电动机，而且他在酒吧里和人拳打脚踢样样都能来，这让他在当时如日中天的西部热潮里混得如鱼得水。他在莱德维尔和杜兰戈开了餐厅，并且通过兼职做木匠、建造机房挣一些外快。1888 年，当威斯汀豪斯和特斯拉取得了他们的标志性专利时，30 岁的纳恩在特柳赖德搭起了帐篷。纳恩靠吃燕麦过活，他在自己的屋顶上铺了鹅卵石，打算开始他这项合法事业。

当他能买得起一所房子时，他在房子里做了一个浴缸出租，每次泡澡收费 1 美元。在从事过给矿工们建造房子、出租或者出售合约房以后，他开始买商业地产，并且沿着圣米格尔河购买有利可图的用水权。不久以后，他就存了足够多的钱买下了圣米格尔县银行。这家银行的保险库里有大量的采矿资金，也正因为如此，它吸引了有组织性的犯罪。

1889 年，一伙恶棍在纳恩的银行盗窃了将近 21 000 美元。这一伙盗贼的首领叫罗伯特·勒罗伊·帕克，别名布奇·卡西迪。这是第一起为人所知的盗窃。

纳恩很快从损失中恢复过来，但是镇上的领导者很有远见地意识到特柳赖德面临着比卡西迪和他的同伙们更大的经济威胁。采矿公司主要依赖小型蒸汽引擎钻孔和开采矿物。而他们已经找遍了附近所有可以用来燃烧、提供热能的木材。远距离运输煤和木材又非常昂贵。纳恩从当地一家叫金王矿的矿厂了解到，矿厂正濒临破产，迫切需要一种新能源。爱迪生的直流系统不管用了。铜的价格很高，而且直流电非常不利于长途运输。好在纳恩仍然和东海岸的朋友们有联系，也还会关注每天的新闻，即使在他身处遥远山顶的那个避难所时，也是如此。因此当纳恩了解到威斯汀豪斯和特斯拉在交流电的发电和配电方面的突破性成就时，他的灵感被激发出来。为了自己身处的这个风雨飘摇的西部城镇，他有了一个大胆的想法。

金王矿位于距圣米格尔河 2.6 英里的地方，纳恩正好在那里有用水权。他想，如果我能得到威斯汀豪斯的涡轮机，然后利用自然资源建造一个交流电厂，这行不行呢？纳恩雇用了他的哥哥保罗来设计电站和输电线路，他哥哥是一个电气工程师。

他带着自己的想法，鼓起勇气直接去了威斯汀豪斯公司总部，算是为了拯救金王矿以及特柳赖德的其余矿厂做最后的挣扎和努力。

纳恩给出了大胆的报价：提供价值50 000美元的黄金和同样价值50 000美元的时间和人力成本来建造一个交流发电机和一个100马力的电动机，以取代原先的蒸汽动力。

“我很乐意赌一把，绅士们。你们会怎么做呢？”纳恩发出挑战。

特斯拉的“哥伦比亚之蛋”让他成功得到富人对于他的交流感应电动机的经济支持。同样，纳恩向威斯汀豪斯公司董事会大胆展示了自己，并且取得了回报。威斯汀豪斯公司看到了一个黄金般的机会（正如其字面意思一样），因为可以在现实世界里测试这个发电、配电、输电系统是否适用，而且条件越苛刻越好。纳恩带着胜利返回特柳赖德，手里攥着签了字的合同。威斯汀豪斯指派工程师查尔斯·F·斯科特·拉尔夫·梅尔尚、路易斯·史迪威和V·G·康丹斯来帮忙设计，为电站提供支持。

在这些来自康奈尔大学的工程学专业的年轻学生的帮助下，纳恩和他的哥哥建起了钢管网、自然蓄水池，并给位于俄斐边缘地带的艾姆斯水电厂安装了一个直径为6英尺的水轮。（艾姆斯正好位于圣米格尔河上为发电厂提供水力的地方。）威斯汀豪斯提供了两台由特斯拉打造的100马力的发动机，一台用于艾姆斯电站的发电（那个电站真的就是一个破木屋），另外一台用于离金王矿 3 英里远的电动机。30 英尺长的杆子上缠绕了 3 英里长的裸铜线，用来承载 3 000 伏的电流。他们在搭线的过程中，经历了残酷的暴风雪天气、空气稀薄的恶劣条件、雪崩、闪电，还有风暴。既是工程师又是历史学家的艾伦·德鲁描述了在那个黄金时代里这些电气行业的先驱开启这个交流电系统的情形：

> 1891 年 6 月 19 日，圣米格尔河的水被导入一个直径 6 英尺的水轮机，这个水轮机通过一根传送带和威斯汀豪斯的发电机相连。当水轮机运转的时候，发电机的转子就开始旋转，进而产生交流电并被输送到 3 英里以外的地方，成功地使金王矿的 40 处开矿碎石作坊运作。这是美国史上第一次将交流电用于工业。

1988 年，美国电气和电子工程师协会认定艾姆斯电厂为官方“里程碑”。一块牌匾立在了电厂的门口，上面写道：“这次对于电力运输实用价值的开创性示范，在美国史上具有重大意义，为在尼亚加拉大瀑布（1895 年）和其他地方建造更大的电厂开了先例。”

由 15~20 人组成的团队全天候地在艾姆斯电厂工作。L·L·纳恩发起了一项教育计划来培训员工。电厂运行初期危机四伏。当电厂停止运行时，就会产生一条6~8英尺长的电弧，非常壮观。围观者甚至会长途跋涉来此观看火花飞溅的“景观”。当这些问题出现的时候，威斯汀豪斯的工程师开发了绝缘器、金属避雷针和自动调节器。特柳赖德项目的成功，加上1893年威斯汀豪斯和特斯拉在芝加哥的哥伦比亚博览会上的炫目展出，在说服个人投资者和城市领导人在尼亚加拉大瀑布推行交流电水力发电和配电的提议中发挥了关键作用。

把握时机，纳恩马上成立了特柳赖德电力公司，那是美国第一家电力公司，该公司为其他矿厂建立电站，并且给附近的城镇供电——当然，从特柳赖德镇开始。纳恩和威斯汀豪斯电力公司合作在艾姆斯电厂开展高压研究、开发变压器以建造能进行更长距离送电的电线和系统。基于这些合作研究，纳恩在犹他州的普若佛建了一个电厂，可以安全运输最高达4万伏电压的电流。他们很快就将触角伸向了爱达荷州、蒙大拿州和密歇根州。（今天，他们的公司仍然在经营，名字叫犹他电力和照明公司；艾姆斯电厂也仍然在运行，现今由艾克塞尔能源公司所有，为一个4 000人口的城镇提供足够的电力。）经过特柳赖德的试验，兄弟俩返回东部向威斯汀豪斯咨询有关尼亚加拉大瀑布项目的事宜。保罗·纳恩将监管大瀑布在加拿大这一侧的安大略电厂的建造和运行。

通过给金王矿供电，纳恩为他自己赢得了足够的商业资本和黄金，同时为西部商业的发展和财富的积累提供了动力。就像威斯汀豪斯和特斯拉团队一样，他在追求自己的工业目标的同时，又造福他人。这两兄弟用另一种做法实现了这种精神。

“要有光”

特斯拉从来没有参观过艾姆斯电厂，但是他曾经为了研究，一个人去过科罗拉多州旅行。在威斯汀豪斯的专利律师伦纳德·柯蒂斯的帮助下（这位律师在法律方面的专业知识在“电流之争”中至关重要），特斯拉在东派克峰和北富特大道的交界处建立了一个有点儿像谷仓的实验室，那里是一个叫斯普林斯的小镇，是我的第二故乡。柯蒂斯在城东为特斯拉买了一块地，为他支付在市中心的阿兰达酒店的住宿费，并且安排厄尔巴索电力公司提供交流电源。特斯拉还得到了酒店大亨接班人约翰·雅各布·阿斯特和其他投资者的私人资助。

6 000 英尺高的稀薄空气为这位魔法师提供了高度传导的环境条件。1899 年，特斯拉建造了大型空心特斯拉线圈、高频变压器、高塔和大铜球。他尝试了各种方法对闪电的电波进行测试，把这种电波引向地球，用发射器的共振放大它的电波，这样就可以给整个地球充电了。世界上最伟大的电气工程师创造了本不属于这个世界的电能，并向世人展示了几百英尺长的蓝色闪电电弧，即使是在将近50英里远的采矿小镇克里普尔溪，也可以用肉眼看到。

特斯拉在对电能进行无线传输的突破性测试中，让整个城市停电一周。特斯拉随后返回纽约进行更多的研究，但是一场毁灭性的火灾烧毁了他的实验室。位于科罗拉多州斯普林斯的实验室也被毁了。灰暗的金融危机，像乌云一样笼罩在头顶。遗憾的是，在我所在的城市，特斯拉唯一留下的可见的遗产只有一个临时搭建的、只有一间房的博物馆。它位于餐厅和卧室通道下面的一个地下室里，还有一个生锈的历史性标记，字迹已经有些模糊了，刻在东派克峰大道上纪念公园里的一棵树上。这块褪色的标记上写着："正是在北富特大道的这个地方，特斯拉认为自己完成了最重要的发现。"

在一篇冗长的科技杂志文章里，他总结了自己在科罗拉多州斯普林斯的实验室的研究。特斯拉承认让公众接受自己关于无线电报和无线能量传输的发现是需要时间的。特斯拉写道，自己把地球当电导体来做试验的行为遭到很多人的反对：

> 不管是持保留意见，还是反对意见，在人类发展历史上，都是不可或缺的。因此，那些一开始反对的人，一旦接受了，参与到这场革命中来，就会增加它的力量。研究科学的人从来都不指望马上就有结果，他也从来不期待他

的先进理念能够一下子就被接受。他的工作就像那些播种者的工作一样，都是为了未来，为了给后继之人奠定基础，指明道路。

“现代天才的成就”

19世纪与20世纪交替之际，在全美国金融恐慌之后，特斯拉和威斯汀豪斯都深受心脏病的折磨，那是他们无法控制的。但是他们在尼亚加拉大瀑布取得的成功，以及他们对现代社会的影响，就像他们的友谊一样坚不可摧，不可改变。

经过多年的奋斗、牺牲、濒死体验、令人生厌的诉讼、毫无根据的恐慌、嘲笑，甚至在某个时候，爱迪生间谍在行业内的诽谤等一切磨难之后，威斯汀豪斯和驻军工程师来到尼亚加拉大瀑布的悬崖。1895年夏，威斯汀豪斯启动开关，启动了2号发电机。一个月后，1号发电机开始运作。这里装有10台威斯汀豪斯和特斯拉发明的交流发电机，每台功率为5 000马力，通过用430立方英尺水推动的、250转/分的涡轮点燃。威斯汀豪斯和他的团队建造了所有辅助电气装置、激励器、测量装置，以及必需的操作和电力传输装置。

最终，该工厂为布法罗、托纳旺达、洛克波特等城市远距离输电。报纸纷纷惊叹于驯服“这个巨大瀑布的强大力量”，这

威斯汀豪斯–特斯拉在尼亚加拉大瀑布的发电机

个"现代天才所达到的成就"。但是他们还无法理解威斯汀豪斯和特斯拉的合作所带来的其他非凡的、不可预见的作用和结果。他们两个的水力发电系统的巨大成功促使了那些需要廉价可靠电力的公司迁至尼亚加拉。由碳化硅公司、联合碳化物公司和匹兹堡冶金公司引领，美国的电化学和石化行业搬迁到该地区。

电化学奇才查尔斯·霍尔也是从奥伯林学院毕业的（就像特柳赖德的吕西安·纳恩），他从威斯汀豪斯和特斯拉的合作中获益。这位对金属迷恋得不可救药的工匠从小就对金属很着迷，他开创了一种从矿石中提取铝的有效熔炼方法。发现这种方法的时候，霍尔仅22岁。1888年，和钢学科学家阿尔弗雷德·亨特一起，这位有着娃娃脸的发明家成立了匹兹堡冶金公司。威斯汀豪斯对冶金非常着迷，为该公司的运作提供蒸汽驱动发电机，并亲自监督发电机的安装。然而，铝加工需要不间断地提供大量能量。霍尔的这位匹兹堡的朋友兼邻居，驯服了尼亚加拉大瀑布，也为霍尔的难题找到了完美的解决方法。铝合金产品廉价而轻便，给汽车、航空、航天等行业带来了一场革命。霍尔的公司如今是世界上铝的第三大供应商。

各种各样来自不同行业的生产商加入电化学公司的行列，来到了尼亚加拉，包括国际纸业公司、弗朗西斯固件公司、拉马波铁厂以及国际艾奇逊石墨公司。就像尼亚加拉大瀑布本身所蕴含的巨大能量一样，水力发电方面的创新引发了其他行业的创新突破。这种例子数不胜数，其中一个是：布法罗的历史学家杰克·福伦指出，石墨生产过程其实是碳化硅有限公司的创始人爱德华·艾奇逊的制造工艺的“一个偶然发现”。艾奇逊在一次偶然事件中注意到过度加热金刚砂会产生几乎纯质的石墨。在威斯汀豪斯和特斯拉水力发电厂附近，利用该水厂的电力，国际艾奇逊石墨公司制造了这种石墨。该产品成为润滑剂、电极、电铸、油漆颜料、铅笔和抛光的关键成分。

1927 年，科学家们在纽约的一个专业会议上展出了一台汽车，并且精心标出了每一个部件。解说牌上描述了制造汽车的每个部件所需的电化学工艺和产品，从引擎到刹车再到机箱。在展区上方有一个很大的标示牌，上面写着“尼亚加拉成就了底特律”。

其中一个参会者解释道：“作为电化学家，我们一直把汽车行业作为电化行业的副产品来看待。”当然，不管是电化行业还是汽车行业，都是水电行业的受益者和副产品，而水电行业则是率先由现代工业之父——乔治·威斯汀豪斯和尼古拉·特斯拉开创的。

“遗产：我永不退缩”

在电厂的一次庆祝活动上，特斯拉发表了名为“关于电”的演讲，他提到，尼亚加拉大瀑布的成功是“全世界合理利用水力的标志，水力对工业发展的影响无可估量”。随着年龄的增长，他对威斯汀豪斯的英雄形象愈加佩服和尊崇。之后，他还称赞说他的伙伴是“世界上唯一一个在当时的环境下会接受我的交流系统的人。他和我一起对抗偏见、金钱和权势。他身材魁梧，是这个世界上真正的贵族之一，美国人为他骄傲，全人类都应对他心怀感激”。

就威斯汀豪斯本人来说，他以最深刻且崇高的方式来纪念特斯拉。每一个尼亚加拉大瀑布的发电机上都有一个名牌，上面写着推动水力发电的各类专利。特斯拉拥有最多的光荣和荣誉，因为在那些专利里，13 个中有 9 个是属于他的。和爱迪生不同，威斯汀豪斯没有剥削压榨特斯拉，他把科学的未来看得比自己的整个公司还要重要。威斯汀豪斯要采用特斯拉的专利，于是付给他等价值的费用，聘请他来驻军实验室当顾问，为他提供设备和员工，而且还在 1893 年哥伦比亚博览会上隆重介绍他的名字和创意。对个人自我价值和利益的追求所带来的社会效益远远超出了他们的想象。

威斯汀豪斯倾注了百万美元，努力将特斯拉的发明推向市场。他的这一行为很有风险，招致强大的对手的愤怒，以至于对方滥用诉讼，企图摧毁他们两个。

“电流之战”期间，商业巨头 J · P · 摩根企图在一次招标中操控股票市场，摧毁威斯汀豪斯的公司，从而控制水力发电市场。摩根利用深陷债务危机的《纽约时报》和其他报纸，抨击威斯汀豪斯公司的财务管理很糟糕。他的仇怨深重，曾经还支持过爱迪生。然而，他后来不留情面地收购了爱迪生的公司，建立了通用电气。之后，在他长长的打击对象的名单里，威斯汀豪斯公司名列榜首。作为恶意收购的一小步，摩根和通用电气要求威斯汀豪斯交出特斯拉交流电专利的控制权，而且破坏了这两个完美合作伙伴从 1888 年开始的版税协议。这次收购行动一直延续到了 19 世纪 90 年代。

1897 年，在走投无路的情况下，威斯汀豪斯拜访了特斯拉，告诉他摩根想要困死自己的公司的计划。威斯汀豪斯拒绝了华尔街，坚持不懈、顽强抵抗，决不向摩根、爱迪生、通用电气以及其他电气巨头投降。他拒绝和资本权贵合作一起提高街灯的价格，以此支付贿赂金——回报市议员和监管机构的钱。那时，他的匹兹堡的邻居和所谓的朋友，摩根家族最引人注目的成员亨利·弗里克，也抛弃他了。威斯汀豪斯的现金在迅速流失。无奈之下，特斯拉同意销毁版税协议，并接受了总价216 000美元的现金作为版税收入（当时估价是1 200万美元）。

这是一次令人震惊的伟大决定，特斯拉为公司提供了物价的财务支持，缓解了财务窘境，最终拯救了公司，使公司得以存活。

特斯拉问威斯汀豪斯是否会履行承诺，把交流多相系统推向市场。

“我相信你的多相系统是电力领域最伟大的发现。”威斯汀豪斯告诉特斯拉。我发誓：“尽管现在身处困境，但是我一定努力让全世界都能享用这个系统。不管发生什么，我都要继续我原先的计划，让整个国家都使用交流电。”

你家里的每一个电器插座都可以证明，威斯汀豪斯遵守了承诺。但是最终，特斯拉的牺牲没能阻止摩根剥夺威斯汀豪斯队长中的队长的职位。威斯汀豪斯被迫离开了那个承载着他的名字的公司，最终于1914年去世。

威斯汀豪斯过世后，特斯拉偶然碰到了一件事，再次告诫他自己最伟大的朋友为何如此厌恶“纽约银行家”。

几年前，摩根斥巨资支持特斯拉在科罗拉多斯普林斯的研究，随后又投入了 150 000 美元补贴特斯拉的无线传输研究，以及在长岛的沃登克里弗塔的建设。这座塔是特斯拉早期设计的无线传输信号塔。但是在摩根这些企业家权贵的游戏里，特斯拉只是一颗棋子，无足轻重。1896 年，通过无线传输，爱迪生力挺的古列尔莫 · 马可尼成功接收了 4 英里外的莫尔斯电码的信号。在那之后，摩根就对特斯拉弃之不顾。有钱有势的马可尼获得了诺贝尔奖，其实他在一年前就开始使用特斯拉线圈，并且研究特斯拉的无线工作。摩根无视特斯拉的抗议，他不顾这位无线通信奇才的请求，不给他应得的报酬（正如爱迪生在特斯拉创业之始做的那样），抛弃了沃登克里弗塔，转而投资马可尼的美国之音（即后来的美国无线电公司）。虽然最后他给了特斯拉现金，可是这位坐拥亿万财富的操控者“故意破坏了特斯拉在未来筹钱的一切方式”。

美国最高法院判定，摩根支持的马可尼的公司确实侵犯了特斯拉的专利权——但是那是在特斯拉死之后的事情了。

对于爱迪生和摩根来说，腐败的资本主义是他们控制他人、增加自己权势的工具。

对特斯拉和威斯汀豪斯来说，自由市场是他们提升自我的途径，同时也可以给全世界带来动力。

即使是在最深的绝望里，特斯拉也决不妥协，决不退缩。为了阐述这位不知疲倦的企业家存在的意义，他引用了歌德的《希望》。

日常工作——我双手之所用处，
为纯粹之乐趣！
噢，我将永不退缩！
不！世上梦想皆丰腴：
不！树木葱葱，似秃实丰，
带来食物和庇所！

最终，尽管他们的对手不择手段，费尽心机阻止他们，但特斯拉和威斯汀豪斯的故事在美国经久不衰，永世传诵。那些故事是美国乐观精神和信念的体现。他们的英雄事迹、敢于冒险的精神、高尚的品德、对科技进步的无私付出以及对自由企业的追求，定义了大进步时代。

1880~1890 年，他的朋友，也是为他写传记的人——亨利·G·普劳特总结道，威斯汀豪斯“贡献了 134 项专利，平均每个月一项，而且，他启发并指导其他发明家的工作”。在他工作的 48 年里，威斯汀豪斯持续推出专利，每一个半月一项，一直持续到他过世。他的 400 余项专利中的最后 15 项是被追授的，从海上涡轮机到汽车空气弹簧，再到改进自动列车控制，那是他最后的专利的主题，于 1918 年 11 月被授予专利——他去世 4 年之后！在威斯汀豪斯的晚年，一位熟人对他说，你既然已经挣了足够多的钱，也比世界上绝大部分人富有得多，何不适时放松休息一下。

威斯汀豪斯回答道：“不，我觉得不应该停下来。有时候我甚至还会觉得，自己是不是被赋予了某种神奇的力量，让我能够不断地谋求企业的发展，同时也为他人创造更多有利的工作机会。”

WHO BUILT THAT

Awe-Inspiring Stories
of American Tinkerpreneurs

第四部分

过去、现在、未来

在我的政治生涯中，我所做的第一件事，也是我第一天做的事，就是成立专利局。

——《误闯亚瑟王宫》，马克·吐温

第 10 章

智能假肢：美国下一代创新工业

在发明创造极其丰富的 19 世纪与 20 世纪更迭之时，坐落在纽约的A·A·马克斯公司在报纸上刊登了一则广告来宣传它们的产品——假肢。广告标题“腿与臂：橡胶足与手”下配了一则故事，描述了一个双腿截肢的人完成了一个不可思议的任务：

他爬上了一架梯子。

“他用两条假肢来替代他在一次交通意外后被截去的双腿，”制造商阐述道，“借助这双橡胶足，他可以在梯子上爬上爬下，也可以在人群中来回穿梭，他的缺陷不会被人发现。事实上，他已经变得和发生意外之前一样，可以完成所有的行动目标。”

1853 年，马克斯家族成立了其医疗器械公司，“我们的目的是为了救助和帮助残障人士”。该公司通过订阅邮件来出售它们的专利产品——也包括支架和轮椅。这些产品不同于那些饱受诟病的、几个世纪以来都没有什么进步的木质假肢，A · A · 马克斯公司开创了用橡胶制造假肢的新时代。公司积极地应用那位不知疲倦的查尔斯 · 古德伊尔的橡胶硫化处理技术，使得富有弹性的海绵橡胶可以被填充到它们公司生产的假肢中。古德伊尔或许永远都不会想到，这种他最初用来制造普通的真空管、橡胶鞋套和邮袋的弹性橡胶会被用在提升假肢的品质上，为生命所用。

A · A · 马克斯公司在经过研究和实验测定之后，发现提升假肢的可用性和稳定性的关键就在于改进踝关节的构造。几十年里，该公司为美国超过 9 000 位残障人士定制销售了假肢设备。马克斯的儿子乔治 · 埃德温在加入他父亲的公司之前学习的是土木工程，后来在提升假肢的设计和生产方面发明了 6 项特别重要的专利。马克斯家族出版了一些大部头和论文专著，其中就包括被称为“行业《圣经》”的《假肢手册》和《人工肢体论述》。他们在技术上的领先也赢得了外科医生、患者和科学组织的赞誉，其中就包括富兰克林学会。该学会为那些发明家颁发一枚著名的勋章以示表彰。

1893 年，在芝加哥举办的哥伦比亚博览会上，该公司展示了具有代表性的 50 种不同的假肢和其他人造器官。但是它们并不是独一家。“有证据显示，假肢有很大的需求，”一位医疗历史学家报道称，“当时有不少于 9 家假肢生产商在那次展会中展出了其产品。”

另一个家族制的假肢生产公司就是位于明尼苏达州和威斯康星州的温克利公司，这家公司后来收购了 A · A · 马克斯公司。艾伯特 · 温克利原来是一个农场小子，在他 11 岁时，一起可怕的草坪机事故夺去了他的左腿。年轻人对他僵硬的、疼死人的假肢非常不满意，于是他发明了一项专利，这是一个利用滑动插座来调节的假肢。“我们的初衷是帮助努力用假肢行走的人更加舒适，”温克利公司的主席格雷格 · 格鲁曼对我说，“如果按照今天的先进程度来看那时的假肢，你会觉得它非常呆板，但是在那时，它是具有代表性的。”

在与精明的商人洛厄尔做成马匹生意后，温克利和他成了朋友，二人携手合作。成立于 1888 年的温克利公司将业务延伸到铁路领域，为那些在工伤事故中被截肢的人带来了希望。温克利公司在柳木制的假肢外面包上了生皮革，这样可以使其更加牢固。定制的机器可以使这些木头零件很光滑；工人手工锻造并敲打出钢铁关节；编织部门的女工生产特殊的残肢袜。如今的温克利公司的继承人已经是第 15 代了，在历经 125 年的发展之后，温克利公司如今依然活跃在商场上。

在美国内战中，绝大多数士兵在战争中失去了一部分肢体，其中北方合众国有3万，南方联盟国有4万。这么多的伤员激发了更多的美国企业家在假肢市场中投入时间和精力。工程学学生詹姆斯·爱德华·汉格就是其中的佼佼者。汉格退学之后就加入了他兄弟所在的南方联盟军。在弗吉尼亚州西部的腓立比战役中，年仅18岁的汉格遭遇了威胁到他生命的腿部重创。汉格当时正在马厩中为马匹佩戴马鞍，一颗炸弹穿过建筑物炸断了他的腿。绝望的少年留下一条深红色的血迹爬到了谷仓阁楼躲了起来，然后静待死去。

北方军队发现了意识已经模糊的汉格，当时干草上已经满是鲜血。外科大夫詹姆斯·D·罗宾逊在没有麻醉剂和消毒工具的情况下，对这位年轻人实施了第一例战地截肢手术。这位北方医生和他的助手用脏兮兮的剪刀和手术刀把汉格从膝盖往上已经粉碎的腿部做了截肢手术，然后把他转往一家医疗机构。

“每每回忆起当时在医院里面的日子我就忍不住发抖。”汉格回忆说，“没有人能够明白那种失去意味着什么，除非他也经历过类似的重创。眨眼之间，生无可恋。我陷入了深深的绝望。这个世界可以给一个残疾人、一个瘸子些什么！”

绝望催生天才

汉格带着笨重的假肢回到家里，一瘸一拐地上楼回到卧室。

他把看起来没有关系的东西（木头、家用废金属和工具等）放到一起，然后把自己锁了起来。3 个月后，他做到了对自己的承诺——如果不能够步行下楼，他就不会出现在家人面前。他扬扬自得地把木头假肢扔在一边，用容易穿戴的“汉格假肢”下了楼。这是第一种用橡木桶板、橡胶及金属碎片制成的假肢。这种设计在脚踝和膝盖的位置上应用了铰链来提高其灵活性。

“我现在非常感谢当时看起来一无所有、满目疮痍的命运，事实证明，那是一个绝佳的商机。”汉格反思。他申请保护了几项专利，在里士满开设了第一家店铺。1906 年合并成立 J · E · 汉格公司，积极地向同样经历了截肢的人们宣传其商品。

汉格有 6 个儿子，其中 5 个儿子都参与了他们兴隆的生意。在不断追求进步的过程中，汉格于“一战”后到欧洲学习一种新的截肢技术。他 1919 年去世之后，他的儿子、儿子的姻亲，还有几个侄子，将这个家族企业变成了一个强大的经济体。公司的分部逐渐延伸至亚特兰大、费城、匹兹堡、圣路易斯、伦敦及巴黎。“一战”之后，政府为伤残老兵提供的福利补贴带来了许多有利可图的生意。但是，汉格的成功源自其经营理念，源自一个不服输的年轻人战胜死亡和绝望后不断追求他的美国梦的个人内心的渴望。

沉浮于商场 150 载之后，汉格矫正集团公司是目前世界上历史最悠久的、最大的假肢与矫形器公司，开设病人护理、制造和经销部门，致力于“挖掘人们的潜力”。（假肢用来替代人们失去的肢体和其他身体部分，矫形器用来支撑或纠正畸形或受损的肢体。）公司的首席执行官伊凡·萨贝尔整合公司，并且使公司实现现代化。在获得风险投资后，汉格做了100次收购重组，大大扩大了其产品设备的开发和经销的界限与范围。这家以赢利为目的的企业在2013年创造了逾10亿美元的税收，为美国43个州提供了超过3 000个就业岗位。同时，在欧洲分布了25个办事处。萨贝尔还创立了一个慈善基金，以资助世界上成千上万的人，他们因为疾病、意外或暴力正忍受着伤病。

汉格始终处于创新的前沿。汉格治疗中心为患有名为“斜头畸形”的头部畸形婴儿提供设备，为患有脑瘫及其他症状的孩子提供矫形器，也为糖尿病患者提供鞋垫和鞋子，为慢性病患者或身体损伤者提供颈部支撑和脊柱矫形器、烧伤面具、乳房切除手术后的乳房模具与胸衣。在华盛顿的塔科马市，汉格治疗中心的全美上肢分部的西北部，发明家瑞恩·布兰克现在在率先研发针对客户的与创伤有关的截肢和肢体损伤的器具。布兰克关心成百上千的在布鲁克陆军医学中心的勇猛的美国伤兵，该中心位于得克萨斯州的休斯敦堡。在那里，他发明了强悍的动力外骨骼矫形器，针对每一位士兵定制由碳和玻璃纤维制成的踝部矫形器模塑。多亏汉格购买了布兰克的专利权（布兰克之前同意该专利用于军用目的），他的产品现在才能够被市民广泛使用。他也曾同国防部一道为赛格威的发明者狄恩·卡门的DEKA手臂系统工作，这一系统也被称为“卢克臂”。DEKA的机器人工程师们与以新英格兰为基地的“下一步”矫形器和假肢公司，和以南加州为基地的生物设计有限公司将协同合作研发项目。

马克斯家族、艾伯特·温克利以及詹姆斯·汉格无疑会为他们的继承者感到无比骄傲和自豪。他们的后辈引领行业发展、提升人们的生存环境。坐落在奥斯丁的汉格矫形中心是为在“2013 波士顿马拉松恐怖袭击的受害者”提供支持的美国企业中的一员。16 个无辜的男人、女人和儿童在这起连环爆炸之后被四射的钉子、弹片和飞来的金属碎片夺去了部分肢体，有两人失去了双腿。在袭击发生后的一年里，这些截肢患者都得接受大量的手术、皮肤移植和艰苦的康复治疗。

这些幸存者中有 8 位使用了由联合假肢公司生产的碳纤维套筒，生产厂家是位于马萨诸塞州多尔切斯特市的一家小型家族企业。意大利移民菲利普·马蒂诺原先是一个鞋匠，1914 年在波士顿的一家假肢公司工作后成立了联合假肢公司。马蒂诺的双亲之前也是病人，并且也被截肢。用 10 年的时间，马蒂诺申请了一项专利，在大腿的海绵橡胶假肢中放入一个弹簧插座。接着，他又发明了一项专利，该专利是对那些膝盖以上截肢者的假肢弹簧的改进。弹簧连接到人工膝盖上或者其他不同公司生产的零部件上。马蒂诺去世后，他的“二战”英雄儿子接管了企业，并且与当地的医院和看护所建立了紧密的联系。波士顿市政府的重建计划迫使该公司从车间和办公室里退出来。这个顽强的家族找到新的寓所继续运营。马蒂诺家族4代都从事这项生意，现在公司坐落在多尔切斯特的一个两层红砖仓库里。

多尔切斯特也是简·理查德的家乡，她是波士顿马拉松爆炸案中最小的受害者，事发时只有7岁。她的哥哥马丁于事故中丧生，只有8岁。简一条腿膝盖以下截肢，现在借助她的同乡创办的联合假肢公司生产的假肢行走。这个家庭在悲剧袭来之前，从来没有听说过这家公司。

从丝带到机器人

在美国，有成千上万个像联合假肢公司这样名不见经传的私人企业活跃着。正如19世纪将发明家从木工活中逼迫出来以解决战争时期的截肢问题一样，21世纪也一样激发着企业家从逆境中寻找创新之光。伊拉克战争和阿富汗战争催生了新一代负伤士兵对假肢的需求。制造假肢现如今的选择材料也不再限于橡木、皮革或者海绵橡胶了，转而可选择更轻质的碳纤维混合物和先进的塑料。

又是谁发明了这些呢？

让我们来看看拉利丝带有限公司，它是美国许多用自己生产的原材料来生产假肢的公司之一。1923 年，纱线推销员赫伯特·哈里斯在宾夕法尼亚州伯克斯县成立了自己的公司，他制造了大型织布机用来编织各种各样的吊袜腰带、帽带、吊裤带和捆边儿。哈里斯用自己的机器来生产制造紫心勋章缎带，以及其他近 600 种军用装饰品。“二战”期间，该公司调整生产线以生产编织腰带、胶带和特殊的军用织品。拉利丝带有限公司的业务接着变得更加多元化，从纺织品到国防航空航天、到安全、到汽车和医疗用品。

该公司的设计工程部在 20 世纪 90 年代就凭借 2D（二维）与 3D（三维）结构的纺织物进入复合材料产业领域。将不同的材料混合在一起，在不增加分量的前提下增强韧性，这在当时是很先进的。举例来说，玻璃纤维、碳纤维或者是自然纤维可以与树脂混合成一种加固混合物。拉利丝带公司的工人们将尼龙、涤纶、芳纶、石墨、玻璃、石英、陶瓷和硅编织在一起，制成表带、背包带、降落伞以及航空服的部件。公司的纺织工人和工程师生产出管状的材料作为印模和嫁接物用在主动脉受损的病人的身上。他们也发明了可以被用于体内的结扎纱带、牙科材料以及用于过滤血液、除尘设备和骨髓移植中的单丝纤维。

20 世纪 70 年代，该公司为世界上最先进的假肢研发了生物医学边带和编织碳石墨材料。成千上万的工人为了制造假肢几乎尝试了所有方法，从传统的有梭织机到最先进的生产软件。该公司在过去 15 年里，配置了大型纺织机器用来生产碳纱管，这些织品可以用来生产假肢。拉利丝带公司最近在庆祝它们已经在商场上驰骋了 90 多年，并且迎来了第四代掌门人。当我请教拉利丝带公司的创始人赫伯特·哈里斯的孙子、拉利丝带公司的现任副董事长伯特·哈里斯，公司成功的秘密是什么时，他告诉我：“我们积极工作，我们包容一切，对于机会，我们从不拒绝。”他又补充道：“对于这个国家而言，美国的小型企业是令人惊叹的创意的生产者、辛勤的工作者，也是这个国家的财富。拉利丝带公司有一批伟大的人，还有一批努力工作并希望继承我们的创新发明的下一代。”他们的祖父一定会惊叹拉利丝带公司今天的技术，不过，或许这也正是他所期盼的。

另一则关于美国小企业的成功故事的主角是坐落在俄亥俄州斯特林山的柳树木业有限公司，故事关于坚持和革新。威廉·埃德温·阿博加斯特在 1901 年的一起火车事故中失去了双腿，他在医院中休养了 212 天。和其他被截肢的创新型工匠一样，他对当时国家的假肢技术不满意。阿博加斯特用自家农场里长成的柳木雕刻了一个更适合自己的假腿，比市场上那些在销品好多了。1907 年，他成立了俄亥俄州柳树木业有限公司。公司成长得虽然十分稳定，但是在“大萧条”时期，公司领导层也不得不想办法让公司生存下来。于是柳树木业有限公司兼营生产和销售木质的马球槌和马球。

1933 年，阿博加斯特的工厂遭遇了一场大火，这场大火摧毁了整个公司的厂房，这又是一次对他的考验。这位创始人毕生积蓄的 4 万美元随着大火灰飞烟灭。但是柳树木业有限公司很快又站了起来。当时《匹兹堡邮报》这么报道：

> 那场大火带走的，比失去一双小腿多多了。在整个冬天里宝贵的红柳木的流失和柳木工厂的毁灭都让这位俄亥俄州柳树木业有限公司的董事长威廉·埃德温·阿博加斯特沮丧。然而，尽管他的整个公司已经被 6 月 15 日的大火毁于一旦，但他凭借他的产品的信誉依然得以立足，而且他关于新的防火工厂的计划已经成形。

“二战”期间，柳树木业有限公司为海军制造鱼雷快艇，为陆军制造B–17 轰炸机，但是它们的核心业务仍然是假肢。柳树木业有限公司售卖的产品从残肢袜、气垫鞋再到凝胶衬垫。它们的“真空悬浮系统”提升了残肢袜与假肢衬垫之间的密封性。该公司凭借其“欧米茄追踪者”系统，已经成为计算机辅助设计和计算机辅助制造领域的领先者。公司采用手持式扫描仪，采集病人的身体图像并将其电子化，以便用于铣床上假肢部件的雕刻与制造。

“从实验室到临床”

假肢现在已经可以通过身体的其他部分来控制，原理是通过电线、外部电机和传感器来收集肌肉运动发出的电子信号。它们再也不会发出叮叮当当的响声，可以通过接受和分析嵌入式微处理器收集的运动参数的数据来改进功能。

现代假肢的灵活性已经可以实现像小孩子爬梯子那样的动作了，假肢可以胜任从奥林匹克运动会赛跑到跳伦巴，从滑冰到爬山之类的活动。

现在美国已经不再是只有一两家大型假肢制造商，而是充满大大小小定位不同的制造商。大部分新的创新企业家和19世纪的价值生产先锋一样，他们自己就经历过截肢。另一些则是在年轻时失去了双腿，或者是天生没有双腿，像之前的詹姆斯·汉格与艾伯特·温克利。

鲍勃·拉多齐在一场车祸中失去了他的左手，现在他在科罗拉多州的博尔德县经营着一家只有8个人的小公司——休闲理疗系统有限公司。1979年，他自费创立了他的公司，现在每年可以为那些失去手和胳膊的人生产1 000件左右的定制假肢。《博尔德商业报告》指出：“除了数十种假肢运动配件之外，该公司40%的业务是为那些没有手或脚的婴儿生产爬行装置。该公司也为世界各地的成人定制配件，例如著名的博尔德截肢者阿伦·罗尔斯顿，他在攀爬犹他州的一个峡谷岩壁时遇到了意外，失去了自己的一只胳膊，成为新闻人物。”

营利组织飞毛腿有限公司创始人范·菲利普斯在一起恐怖的滑水事故中，因为和一辆摩托艇相撞，失去了左腿膝盖以下的部分。他的运动员经历让他凭借一个看似极其简单的发现将假肢技术推进到了一个新的时代：他意识到假肢需要新的发力机制。通过观察袋鼠和猎豹的后腿，他得到了假肢积蓄力量和肌肉能量的秘密。他制造了一种用碳石墨构成的腿部假肢。碳石墨比钢铁更坚硬，但它比铅还要轻，其弹性C形态可以存储每一步的动能。菲利普斯在美国内外拥有超过1 000项专利，他的“猎豹”腿的使用者有残奥会运动员，也有在上小学的截肢者，如简·理查德，这个7岁的女孩是波士顿马拉松爆炸案中的幸存者。

在孩提时期，菲利普斯就建造了自己的三座树屋和一座精心设计的冰雪城堡。“只要你想，你就可以。”这位高科技巨头号召学校的孩子们要一直保持一种创新企业家的乐观态度。

21世纪，假肢产业的大多数前沿领域都包括了一项技术，就是在大脑中植入芯片和传感器，通过这样的“神经界面”实现人脑与假肢部件的沟通。利用这样的系统，或许有一天，四肢瘫痪的病人也可以凭借自己的思想控制假肢。“大脑之门”是一家位于波士顿和洛杉矶的私人公司，拥有超过30项与神经接口技术有关的专利，是一个由学术研究人员组成的团队，他们率先研究了“大脑与消费者交互”的技术。其中一位创新企业家杰夫·斯蒂贝尔通过出售他首创的“Simpli.com”（一种网络行为研究工具）获得了资金，并将“大脑之门”系统引进市场。格罗贝尔生物科技有限公司是一家位于犹他州的私人公司，该公司生产创造了无数的硬件，其设备和工具正在推动如“听觉假体、膀胱控制、疼痛、癫痫、制药研究，以及心律失常和心脏衰竭治疗等的关键领域的下一步发展”。

麻省理工学院的研究员休·赫尔先生开创了他自己的企业BiOm仿生科技，该公司生产和销售“世界上第一个踝足假肢机器人系统”。赫尔是一位双腿截肢者，他在一次登山意外中失去了双腿。麻省理工学院描述了他的发明的工作原理：

> 利用电动的“仿生推进力”、2个微处理器和6个环境传感器来适应踝部的僵硬度、力量和位置，并在两大主要位置形成每秒成千上万次的阻尼：在足跟处，系统控制踝关节的僵硬度来吸收冲击力，产生胫骨往前的推力；接着，运算程序产生波动功率，使得佩戴者在不同的地形条件下向上向前……
>
> 在其他方面，系统恢复自然的步态、平衡和速度；缓解关节的压力；大幅度地降低适应假体所需要的时间（普通的假体一般需要花费数周甚至数月的时间来适应）。

波士顿马拉松爆炸案的幸存者、专业的社交舞者哈斯利特–戴维斯在那起爆炸案中失去了自己的左小腿，她以一种令人难忘的方式展示了赫尔的系统：

2014 年 3 月，赫尔先生在加拿大温哥华的 TED 演讲即将结束的时候，哈斯利特–戴维斯穿着闪闪发光的白色连衣裙和她的舞伴一起上台，表演了腋下转圈、甩臀、空中直降，及一段吸引人眼球的有节奏的伦巴。

赫尔演讲道，他和他的团队用了不到一年的时间编写了哈斯利特–戴维斯的假肢进行舞蹈表演的基础数据。“犯罪分子和胆小鬼用了 3.5 秒将哈斯利特从舞台上拉了下来，”赫尔演讲时说，“我们用了 200 天让她重新回到舞台。”

赫尔满怀激情地致力于将他的想法成功商业化，“BiOm”从世界聋人联合会、通用催化风险投资公司、西格玛合作伙伴以及吉尔德医疗合作伙伴等公司获得了大约 5 000 万美元的资助和风险投资，用以不断地发明新产品。“我一直在思考如何用最短的时间和最少的投资实现从实验室到临床的转变。”赫尔说，“创办公司是提升效率、促进商业进步的一种方式。”

方法不止一种。最好的方法，正如诺贝尔经济学奖得主米尔顿·弗里德曼总结的人类经验：“历史的纪录如水晶那样清楚：到目前为止，就自由的企业制度而言，没有任何其他制度可以望其项背。”

兴趣的推动

美国最聪明的年轻人现在正在为自己的假肢专利方案与改进努力工作着。16岁的凯瑟琳·布洛姆坎普是一位退休的空军上校的女儿，她提出了一种利用温度生物反馈的概念来帮助根除截肢者的"幻痛"症状，于是她发明了一种无痛袜子。她和她的父亲在去华盛顿特区沃尔特里德军区医院时发现了这一问题。这种情况发生时，大脑会不断地发送信号来控制已经不存在的四肢。"我开始研究'幻痛'到底是什么。"布洛姆坎普解释道，"我很快发现，在现在的医疗市场上并没有药物来医治这种情况。"服用抗精神病药物和巴比妥类药物会带来很严重的副作用。"在我十年级那年的科研课题中，我决定要做一些与此有关的事情。"布洛姆坎普说。

布洛姆坎普在理论上指出，利用控制温度来刺激截肢者被切断的神经末梢，这样将大脑的注意力从传输"幻痛"的神经信号变为对温度的感知。她主动联系假肢专家，并且与加利福尼亚州的瀑布矫形供应公司总经销商杰克·戈达克取得联系。杰克根据她的想法制造了世界上第一套无痛袜子和假腿。布洛姆坎普用一项专利保护了自己的发明并且建立了自己的凯瑟琳·布洛姆坎普国际有限公司。凯瑟琳告诉我："保护专利绝对是非常重要的。"她雇用一位专利律师，让自己的发明获得授权，以"最好的方式”进入市场。她对萌芽中的创新企业家的建议是什么？“让那些比你见多识广的人围绕在你身边。我从我想进入的行业中找到了我的导师，他们为我努力推进的事情增加了许多的可信度。”

麻省理工学院的学生戴维·森奇今年 27 岁，有一项关于假肢的专利申请，他利用核磁共振成像，利用 3D 打印技术来打印假肢。作为麻省理工学院媒体实验室的一名研究生，森奇开始研究假肢接受腔的设计，这源于他从小在战火纷飞的塞拉利昂长大的经历。那时，残暴的恐怖分子砍下无辜平民的胳膊和腿，以此制造恐惧或平息动乱。总之，森奇计划创立自己的公司。

埃里克·朗宁设计 3D 打印假手的时候，他还是威斯康星大学麦迪逊分校机械工程学专业的大三学生。他创办了属于自己的、名为“再造”的公司，他的公司生产低成本的设备，他称之为“再造手”。

艾奥瓦州的女童子军自称“飞猴”。2011 年，她们获得了一项专利，该专利是用乐高积木来拼接的低成本的假手。这群年龄仅为 11~13 岁的女孩子，为一个天生右手没有手指的 3 岁孩子创造了这个装备，并称之为“波波 1 号”。这几个孩子的发明由模压塑料、尼龙和一个握笔器组成，共计花费 10 美元。

“我觉得，如果我们能够有自己的公司来生产‘波波’，那将是一件非常酷的事情。”12 岁的佐伊·格罗特告诉美国广播公司，她的外号是“猴子 1 号”。

“我想制造很多的‘波波’，”12岁的加比·登普西（“猴子3号”）补充道，“它可以走向全国，许多人都可以使用它，它可以帮助人们。”

“真正了不起的是获得专利，”13岁的凯特·默里外号“猴子2号”，她向记者解释道，“几乎没有人在我们这个年龄拥有一个专利，这是非常特别的。它意味着我们的发明真的很有价值。”

年轻的凯特是正确的。美国的专利工程确实是很了不起的。正如书中一次又一次提到的成功的创新企业家，专利的申请和知识产权的保护对于他们在商业上的成功至关重要，也会成为确保美国未来创新的重要因素。

结语

美国的建国者们知道，进步与发展不仅是被一些杰出伟大的发明家那些具有开创性的非凡成就所推动的，更是由千千万万个平凡而渺小的普通人所推进的。1790年，他们创建并精确定义了一个分散的、以市场为基础的制度。正如美国总统亚伯拉罕·林肯所说：“基于这样的信念，个人的潜力也被更高的预期所激发。”

《美国宪法》的第一章给予国会明确的授权指令：“为促进科学和实用技艺的进步，对作家和发明家的著作和发明，在一定期限内给予专利权的保障。”大多数美国人没有意识到这是多么独特且充满革命性的时代，基于美国联邦政治体系的市场经济是世界历史中的先行者。在19世纪的飞速发展中，伟大而慷慨的发明家最先从中受益，同时也创造了巨大的进步。美国最初的创立者深知，律法最实用的意义是“它与公众利益并行不悖，并且对个体提出了一定的要求”。正如美国乔治梅森大学的法律教授亚当·瑟大所反复提倡和强调的一样，国会和早期法院为发明者的知识产权提供了最全面的保护。

美国专利制度体系的建立，最初是由美国白宫的三大高级官员——司法部部长、战争部部长、国务卿——掌控审查每一个专利申请的各个环节。随着人口的迅猛增长，国家的创新精神也日益高涨。1836 年，专利制度的主体部分开始革新，包括设立了美国专利局、集中培训以及专业考试。我们那些富有远见的先辈为发明家建立了一整套完备的体系，以确保他们的销售、授权和资产重组。反过来，发明家必须公开发表他们的想法和创意，并且专利权也有了一定的时效性。如此一来，技术知识能得到更加广泛的应用和传播，也能催化更多的创造和发明。

托马斯·杰斐逊是美国专利的第一个审查人，也是美国发明创新教父。他却因建立起了宪法中政府的“专项垄断特权”的知识产权保护法而饱受诟病。但是现在，很多知识产权的反对者在学术界扭曲了杰斐逊著作的含义，也曲解了美国天赋人权的哲学基础。最主要的史料、国会文档和殖民时代的法庭——包括早期的专利立法章程和 19 世纪的专利判例法——都证明了自美国独立之日起，专利权就是公民最基本的权利之一。

1824年，政治家和宪法律师丹尼尔·韦伯斯特在美国众议院讲得特别好：

> 发明者的权益至关重要，这是一个人思维的结晶。对于这个人来说，这比其他任何权利都重要。这是他大脑的成果，不是由继承而得，也不是任何其他什么人赠予他的，而是专属于他自己的东西，所以理所应当被保护。

韦伯斯特热衷于辩护专利权的案子，包括那场代表查尔斯·古德伊尔出征的激战。古德伊尔被迫向美国最高法院提起诉讼，因为有32个侵权案涉及他的专利发明。多年的维权之路让他几近破产，所幸韦伯斯特和古德伊尔最终取得了胜利。韦伯斯特高调宣布最高法院对古德伊尔的支持，并称《宪法》对知识产权的保护是理所应当的事情，专利对所有者而言是业已存在的固有权利。这才对！韦伯斯特补充道："毫无疑问，一个人可以在任何领域享有属于自己的权益。"

在功利主义和自然权利阵营之间，关于知识产权法律的争论比比皆是，但是无论如何都有一个底线：《宪法》对知识产权的保护是为了保障和鼓励个人的努力，用作者和发明家的才能促进社会的进步和发展，而不是诋毁获利的动机。

华盛顿的专利局对公众开放，并且为成千上万的造访者带去启发。这个庄严的建筑里陈列了不计其数的专利模型。这些微小模具的大小不超过 12 英寸长、12 英寸宽、12 英寸高，却是 1790~1880 年专利申请中必不可少的一部分。这让那些没有受过教育、没有一定的语言表达和作图能力的人，有了一种直观的表达方式。《科学美国人》会定期刊发专利所有人的专题，并为他们吸引广告、招商引资。《大众机械》还有专门的“专利局”，为有抱负的发明者提供咨询和法律服务。

19 世纪，发明家和企业家在圈内都是大家膜拜的英雄和偶像。林肯总统不仅保护他们的知识产权，还亲自督促和鼓励技术研发和革新。林肯在白宫的草坪上亲测了亨利和斯潘塞连发步枪。他还把武器的研发者乔治·弗里斯、詹姆斯·霍顿、艾萨克·迪勒、詹姆斯·伍德拉夫等组织起来，共同研制新型枪支弹药、大炮、炸药和防火装置等。此外，林肯还就历史发现、发明和专利法律等发表了演讲，他让自己的小儿子就职于华盛顿的专利局，身体力行着自己的诺言。

作为伊利诺伊州一个年轻的平底船行家，林肯曾经历了一起船舶搁浅事故，他当时被派去把船上所有的货物搬运下来。几年后，当他从家沿着底特律河岸抵达华盛顿时，他看到一艘蒸汽船搁浅了。这件事激发他想发明一种浮起设备为搁浅的船提供浮力，以避免从船上卸货的麻烦。他建造了一个小型模型（如今保存在史密森学会），写了相关描述，申请了专利，并支付了约30美元的手续费用。1849年5月22日，美国专利局认可了他的发明，并为他的“浅滩浮起装置”颁发了编号6469的专利号。尽管他没有将自己的产品推向商业化以谋求经济利益（当然，林肯还有很多其他重要的事情需要处理），学者詹森·爱默生指出，总统的想法“会促进现代船只的海滩救助作业和潜艇的制造”。

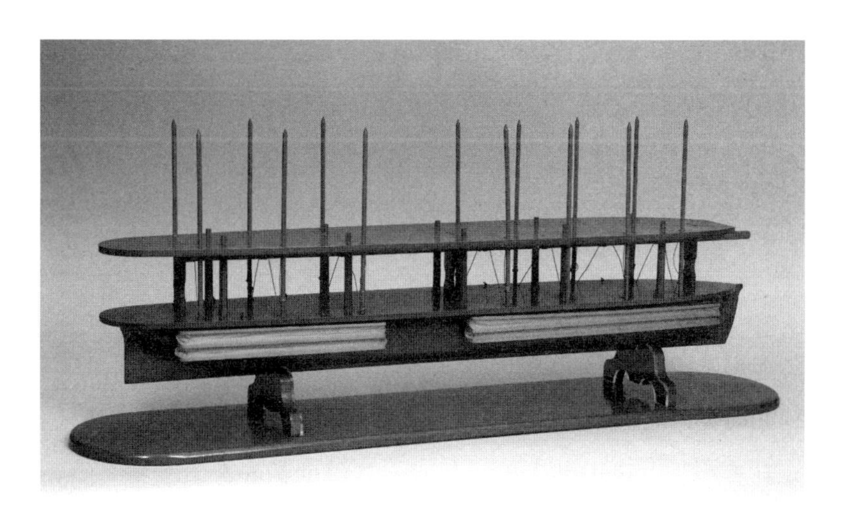

林肯式浅滩浮起装置专利模型的复制品　由国家公园管理局提供

美国伟大的小说家马克·吐温拥有三项专利（一个自剪贴簿、一个神奇记事簿和一种服装带）。这个科技发明家把我们的专利体系写在了他的小说《误闯亚瑟王宫》中，从19世纪穿越到了中世纪。在马克·吐温的小说中，汉克·摩根是时光穿越的主角，他的任务是帮助16世纪的社会实现现代化："在我的政治生涯中，我所做的第一件事，也是我第一天做的事，就是成立专利局。"汉克·摩根说："我知道，一个国家如果没有专利局和保障专利的律法，那这个国家就会像一只螃蟹一样，只会左右晃悠而无法向前走。"

利益的动力，使我们知道我们可以从自己的想法中获利，这其中也包含许许多多不同的人不断地改进和革新我们的创意。正如1891年一位官员在庆贺专利局成立100周年时所言，专利局将会帮助美国将"想法变成现实"。1863~1913年，有800~1 200项专利是由黑人研发的。1790~1895年，超过3 300名妇女获得了超过4 100项专利。乡村人士在日常的耕作和食物的保存等方面拥有了很多重要的专利发明。新英格兰和东海岸女性开创了从电梯安全到缝纫机和纸袋的制造业革新。1870~1930年，经济学家佐里娜·卡恩的研究数据表明，21%的专利是由在美国以外出生的发明家获得的，而在美国整个的人口结构中，国外出生的居民只占10%~14%。

在整本书中，在或"普通"或"杰出"的发明中，许多美国发明家都成功地从专利中获取了经济收益，他们也懂得要维护自己的专利权益。玻璃厂商米歇尔·欧文斯和爱德华·利比授权的制瓶装备；尼古拉·特斯拉把他最主要的交流电专利卖给了乔治·威斯汀豪斯，因为后者懂得如何利用资本把特斯拉带向市场；一次性瓶盖先驱威廉·佩因特在职业生涯早期曾经是被盗窃知识产权的受害者，后来积极地请专利律师来武装自己。威斯汀豪斯、一次性剃须刀的发明者金·吉列、镁光手电筒的发明者安东尼·美格力克等都如此。如果没有知识产权，盗取智慧的窃贼就会越来越多。

两个多世纪以来，这些最基本的原则和规定保护了世界上大部分的发明创造。正如这本书所提及的许多例子所表述的那样，美国绝大部分企业家同时也是世界上最慷慨的慈善家。公众利益和追逐企业利润携手并进不分彼此。然而，21世纪以来，美国的创新制度和专利体系面临了前所未有的威胁和挑战。

全球化的竞争确实会为美国创新的引领者带来一定的威胁，但是美国更大的危险来自本土：本土的无知、冷漠，以及对推动美国变得伟大的体系带有的深深敌意。

世界上推动创新的最大助力是自由，而不是政府机关，这里我所讲的所有故事都是因为人的自我坚守而实现了自我价值，同时也造福了社会。这种观点才是美国特色的主要特征。法国历史学家托克维尔称，开明的教义能够“正确理解自我利益”，而这恰恰是美国基因的一部分。律法保障的不仅仅是精英，而是每一个普普通通的人。托克维尔说：“你可以找到立法根基，也能理解这些条款的含义，无论什么人，都可以灵活自如地运用它。”作家查尔斯·默里说美国的创立者鼓励创新——“比努力工作更重要”。默里认为：“美国人民骨子里觉得，通过努力工作是可以出人头地的，同时为自己的下一代谋求更好的人生也是有可能的。”他还引述了德国社会历史学家弗朗西斯·格伦德在 1837 年写下的话：“积极创新不仅是幸福的源泉，也是人的天性使然，企业是美国的灵魂。”

企业家的勤勉精神简直注入了商人查尔斯·海尔斯的灵魂里，让他能变废为宝，点石成金；这种精神注入斯科特兄弟的灵魂里，让走街串巷的叫卖小贩一手创建了纸巾帝国；这种精神鞭策威廉·佩因特在获得巨额财产之后仍不断努力工作；这种精神巩固了诸如威利斯·开利与欧文·莱尔、威斯汀豪斯与特斯拉、利比和欧文斯等商务伙伴之间的情谊，他们的商业模式和经营方法至今仍在发挥积极效应；这种精神是罗布林家族的灵魂，他们是美国梦的鲜活典范；这种精神也是微型个体户以及在 19 世纪率先尝试制造假肢的先驱者们的灵魂；这种精神还是新英格兰、西弗吉尼亚州、艾奥瓦州、科罗拉多州和加利福尼亚州等地的 21 世纪继承者们的灵魂。

美国的创建者深知，时代在不停地进步。艾奥瓦州埃姆斯的女童子军会因为曾经为保护她们的乐高假肢专利而感到庆幸，现在她们懂得：赚钱的能力即行善的能力。

当追求创新的企业家充满了梦想，新的机遇就来临了。一个新的行业也会带动许多领域的发展。在无数生产者和消费者的共同作用下，个人的进步和社会的发展就被推动了。

人类不计其数的创新和发明引领时代走到今天，同时也为成千上万的工人提供了生活保障，使他们能够安居乐业，共建社会。企业让彼此陌生的人聚集到一起，让他们一起制造汽车、飞机，生产电力、药物、智能手机、尿布、钢笔……以及，这本书。

尽管看不见摸不着，可现代美国人的生活以及所有奇妙的东西都是因这种制度而存在：

看不见的手。

每一个故事的背后，都有其他的故事。在《创新之光》的故事背后，还有更多关于命运、爱国主义、企业家精神、友谊和家庭的故事。

2010 年 4 月，格林 · 贝克和他的助手问我是否能在他们的慈善基金庆典仪式上分享一些“独特的经验”。我想了想，那是在前往科罗拉多大瀑布的火车上，火车开至海拔超过 14 000 英尺的派克峰，那里令人叹为观止的风景让人不禁想起凯瑟琳 · 李 · 贝茨老师于 1893 年写下的话：“美国，多美！”

这趟火车旅行是由一对热爱自由的夫妇斯科特和黛比主导的，斯科特也是一个铁路历史爱好者，他的热情很有感染力。这趟旅行之后，我的好奇心被激发了：“这一切究竟是谁创建的呢？”后来我得知，齿轨铁路是一个人的个人发明，威斯康星州的发明家兼企业家扎尔曼·西蒙斯从齿轨铁路发家致富，公司至今也以他的名字命名。19 世纪 80 年代末，西蒙斯还驾着骡子前往派克峰的峰顶为信号站安装电线。这个商人压抑不住内心的冲动，想要建造更好的交通工具上山。于是，西蒙斯成立了神灵派克峰铁路公司，自己投资、雇用工程师、花费了两年的时间建造基础设施。1891 年，铁路上的第一辆货车——从丹佛载着教堂里的座椅——沿着铁轨登上了山顶。125 年后，西蒙斯创建的这条私人铁路依旧在运营。

2013 年，我和格林分享了这个故事，并且谈论了我们彼此对美国发明家的敬爱之情。于是我们开始探讨这本书的主题，这也成了我写作生涯中让我最满意的一次研究。我非常感谢格林、凯文·巴尔夫以及水星墨水的员工对这项工作的大力支持，谢谢斯科特和黛比的启发和鼓励，还特别感谢扎尔曼·西蒙斯修建这条激发我灵感的山村铁路。

感谢西蒙–舒斯特出版社的编辑米切尔·艾维斯和助理编辑娜塔莎·西蒙斯，他们敏锐的洞察力和出色的指导让手稿逐渐成形。

感谢林肯历史故居、阿勒格尼运输铁路国家历史遗址、国家公园管理局、（宾夕法尼亚州）劳尔梅里恩历史学会、托莱多大学、海茵茨历史中心和西屋电气公司提供的帮助。

我不知道说什么才能表达我对托尼·美格力克先生的谢意。我占用了他非常宝贵的时间，获取了不少可贵的建议。同时也感谢镁光公司，感谢所有在百忙之中为我提供帮助的员工。

感谢维客利公司的格雷、布洛姆坎普国际的凯瑟琳、拉利丝带公司的赫伯特·哈里斯分享他们的信息。

十分感谢辛迪的编辑反馈，也感谢我的朋友对本书给予校对，感谢雅格对原稿的修改。

此外，特别感谢我亲爱的卡罗尔和迪克，他们的鼓励和建议都十分有用，尤其是卡罗尔。这位卓有成就的小说家和讲故事的高手在与癌症抗争的时候还为这个项目付出了大量的时间，她的精神在我的心中，同时也在这本书的文字中长存。

最后，特别感谢我的丈夫杰西和我的孩子维罗尼卡和朱利安，他们的爱和支持对我而言至关重要。孩子们，这本书中最重要的一个主题，也是我人生的经验之谈：无为而无不为。